南京水利科学研究院出版基金资助

维生素阻锈剂插层水滑石
——制备及腐蚀防护机制

杨　恒　刘小艳　熊传胜　李伟华　著

东南大学出版社
SOUTHEAST UNIVERSITY PRESS
·南京·

图书在版编目(CIP)数据

维生素阻锈剂插层水滑石：制备及腐蚀防护机制/杨恒等著. —南京：东南大学出版社，2023.12
ISBN 978-7-5766-1192-2

Ⅰ.①维… Ⅱ.①杨… Ⅲ.①混凝土—防锈剂—研究
Ⅳ.①TU528.042

中国国家版本馆 CIP 数据核字(2023)第 255723 号

责任编辑：魏晓平　责任校对：韩小亮　封面设计：毕　真　责任印制：周荣虎

维生素阻锈剂插层水滑石——制备及腐蚀防护机制
Weishengsu Zuxiuji Chaceng Shuihuashi — Zhibei Ji Fushi Fanghu Jizhi

著　　者：杨　恒　刘小艳　熊传胜　李伟华
出版发行：东南大学出版社
社　　址：南京市四牌楼 2 号　**邮编**：210096
出 版 人：白云飞
网　　址：http://www.seupress.com
经　　销：全国各地新华书店
印　　刷：广东虎彩云印刷有限公司
开　　本：787 mm×1 092 mm　1/16
印　　张：8.5
字　　数：218 千字
版　　次：2023 年 12 月第 1 版
印　　次：2023 年 12 月第 1 次印刷
书　　号：ISBN 978-7-5766-1192-2
定　　价：58.00 元

前言

混凝土结构中的钢筋锈蚀问题是造成结构耐久性劣化的重要原因。阻锈剂作为一种施工简便、经济和高效的防腐蚀材料，是抑制钢筋锈蚀的重要措施。但阻锈剂的应用仍然面临性能单一、与水泥基材料兼容性不佳、环保性和有效性难以兼顾等问题。采用不同载体如微胶囊、纳米微球、水滑石(layered double hydroxides，LDH)等对阻锈剂进行负载，能够使阻锈剂由“直接”加入混凝土转变为“间接”加入，进而减少阻锈剂对混凝土的负面影响。此外，对负载体系进行材料设计，可使载体具备阴离子固化性能，抑制氯离子传输，并且能根据混凝土环境的变化调整阻锈剂释放机制，实现阻锈剂更加精准地“按需”释放，提升阻锈剂的使用效率。因此，针对载体负载阻锈剂展开系统研究，有望减少传统阻锈剂应用面临的技术弊端，具备重要的理论和现实意义。

水滑石具备优良的阴离子交换性及结构记忆性，将阻锈剂插层至水滑石层间制成阻锈剂插层水滑石(corrosion inhibitor intercalation LDH，INT-LDH)，不仅可以实现对混凝土中自由氯离子的固化，还可通过对阻锈剂的包裹和缓释，降低阻锈剂给混凝土基体带来的负面影响。但 INT-LDH 的进一步发展还存在一些限制。首先，目前已报道的 INT-LDH 普遍具有较大污染性；其次，对于 INT-LDH 在复杂环境下的阴离子置换机制不明确；最后，对 INT-LDH 与水泥基材料的兼容性及其在复杂腐蚀环境下的防腐机制了解甚少。因此，开发一种新型无污染的 INT-LDH，并深入系统地研究其阻锈机制，对于实现绿色、高效的 INT-LDH 在混凝土工程中的推广和应用具有重要的现实价值。

本书是笔者及其研究团队近年来关于水滑石负载阻锈剂的研究成果总结，围绕“采用具有层状结构的水滑石负载绿色有机阻锈剂维生素 B3”这一主题，将维生素 B3(VB3)插层至水滑石层间，得到维生素 B3 插层水滑石(VB3-LDH)。针对 VB3-LDH 的可控制备、在不同混凝土环境中的离子置换机制、对水泥水化进程的影响规律以及在复杂腐蚀环境下对砂浆中钢筋的阻锈机制开展了系统研究，为 VB3-LDH 在实际钢筋混凝土工程中的应用奠定了理论基础。本书内容在研究过程中得到了刘小艳教授、熊传胜副教授以及李伟华教授的殷切指导，还得到了刘昂副教授、韩鹏副教授、丁锐副教授、田惠文研究员、鞠晓丹硕士研究生的大力支持，在此对所有做出贡献的老师及学生表示衷心感谢。本书的出版得到了南京水利科学研究院出版基金的资助，在此一并表示感谢。

鉴于笔者水平有限，书中难免会有错误和纰漏之处，敬请各位专家和广大读者批评指正。

笔者

2023.11

目 录

第一章　绪　论

1.1　研究背景及意义

水泥混凝土具备原材料易获取、性价比高、易施工、经济性好、安全性高的特点，是全球各类工程建设中使用量最大的土木工程材料。虽然关于各类新材料的研发正蓬勃发展，但仍然没有一种新的建筑材料能够完全替代水泥混凝土。然而，混凝土材料内部存在着大量的微裂缝及孔隙结构，当混凝土服役于侵蚀性环境中时，侵蚀性介质便会通过这些微裂缝及孔隙进入混凝土内部，进而引起混凝土耐久性的劣化[1-6]。耐久性不足使混凝土材料更容易遭受外部环境的侵蚀，引起结构承载力下降和使用功能丧失，进而造成结构的破坏，给人民生命财产安全及经济建设带来巨大的损失。

1991年，第二届混凝土结构耐久性国际会议在加拿大召开。在此次会议中，国际著名的混凝土耐久性专家Mehta教授在《混凝土耐久性——进展的50年》专题报告中强调，造成混凝土结构劣化的主要原因包括钢筋锈蚀、冻融破坏以及盐类侵蚀等作用。而氯离子侵蚀是造成钢筋锈蚀的最主要因素。由此可见，在众多引起混凝土耐久性问题的原因当中，氯离子侵蚀引起的混凝土中钢筋锈蚀的问题尤为严重[7-8]。

大量统计资料表明[9-12]，国内外混凝土结构由于受氯离子侵蚀导致钢筋锈蚀，进而引起结构过早失效甚至破坏坍塌的事故屡见不鲜。如2006年，在加拿大魁北克省发生了立交桥坍塌事故，最终造成5人丧命、多人受重伤的惨剧。有关专家调查后指出，混凝土中钢筋锈蚀导致的钢筋与混凝土界面分离是引发此次事故的重要原因[9]。2014年7月18日，深圳罗湖国际商品交易大厦挑檐垮塌事故导致2人死亡，后查明是由于挑檐支座部分钢筋已有锈蚀所致。

2002年，美国国会收到的申报材料显示，每年桥梁结构的钢筋锈蚀所带来的直接经济损失达到83亿美元，间接经济损失甚至高达数倍以上[13]。日本21.4%的混凝土构筑物破坏是由钢筋锈蚀引起的，每年的维修费用约400亿日元[14]。英国环保部门公布的一份报告称，因钢筋锈蚀，英国需要进行修复或重建的钢筋混凝土构筑物已占全年新建混凝土构筑物的36%[15]。海湾国家的气候环境较为特殊，在水和空气中都含有较高浓度的氯离子，使得钢筋锈蚀成为卡塔尔、阿拉伯联合酋长国等海湾国家混凝土结构劣化的重要因素[16]。

在我国的各类基础建设和城市建筑中，钢筋混凝土结构占有相当高的比例。近年来，一系列的工程调查表明，钢筋锈蚀问题已成为引起我国混凝土工程劣化失效的重要原因之一(图 1.1)。据中国工程院重大咨询项目“我国腐蚀状况及控制战略研究”报道，2014 年我国建筑领域(包括公路、桥梁、建筑)钢筋锈蚀造成的损失超 1 万亿元，约占国内生产总值的 1.4%[17]。我国“十一五”期间，每年因钢筋混凝土结构破坏、劣化所造成的经济损失约占国内生产总值的 3%～4%，其中沿海地区由于氯离子对钢筋的侵蚀导致混凝土结构提前失效带来的损失超过 3 000 亿元[17]。

图 1.1　钢筋锈蚀案例：青岛北海造船厂的钢筋锈蚀问题

可以看到，混凝土中钢筋的锈蚀破坏会引起巨大的经济损失，甚至威胁到人民的生命安全。因此，针对混凝土结构中钢筋腐蚀的成因，采取相应的防护措施抑制钢筋的腐蚀、提高钢筋混凝土结构的服役周期，具有重要的科学研究价值。当前常用的钢筋防腐蚀措施主要包括镀锌钢筋[18-19]、混凝土涂层[20-21]、阻锈剂[22-26]和电化学阴极保护[27]等手段。其中阻锈剂由于具有施工简便、经济性较好、阻锈效率良好等特点受到了广泛关注。但是由于其通常伴随着污染较大、在混凝土中长效性不佳、功能单一、直接掺入混凝土中兼容性不佳等问题，在实际应用中受到了一定的限制。

为了避免使用单一阻锈剂对混凝土产生的副作用以及在混凝土中无法抑制自由氯离子扩散的问题，一些学者提出利用水滑石插层阻锈剂，通过水滑石的离子交换作用吸附氯离子并缓慢释放阻锈剂，避免阻锈剂的副作用，并提高阻锈剂成膜性[28-31]。但目前的研究还存在诸多问题，如常见的水滑石插层阻锈剂存在污染、复杂环境下的离子置换-缓释机制不明确、在实际钢筋混凝土环境中的阻锈机制尚不清楚等问题。因此，展开阻锈剂插层水滑石对钢筋混凝土腐蚀防护机制的研究具有重要的科学意义和工程实用价值。

1.2 混凝土中钢筋的锈蚀及影响因素

1.2.1 混凝土中钢筋的锈蚀机理

胶凝材料的水化产物含有大量碱性物质(主要为氢氧化钙),使得混凝土孔溶液的 pH 一般大于 12.5,在此种高碱性环境下,钢筋表面能够形成钝化膜。但钢筋表面的钝化膜是存在各种缺陷的不均匀材料,这就使它成为一个混合电极,而钢筋本身作为导体将阴、阳极直接相连。混凝土中的孔溶液(包括水、各种离子以及氧气)为钢筋上发生的耦合的阴、阳极反应提供介质环境,这样钢筋的电化学腐蚀过程就发生了。腐蚀过程主要包括以下反应:

阳极反应:

$$2Fe \longrightarrow 2Fe^{2+} + 4e^{-} \tag{1-1}$$

阴极反应:

$$O_2 + 2H_2O + 4e^{-} \longrightarrow 4OH^{-} \tag{1-2}$$

阳极反应的发生依赖于钝化膜的破坏,而阴极反应的发生依赖于钢筋界面氧气的含量。当混凝土发生碳化或氯离子侵蚀时,钝化膜会发生破坏,阳极反应过程持续发生。

1.2.2 碳化对钢筋锈蚀的影响

空气中的二氧化碳通过混凝土内部孔隙渗透到混凝土中,与混凝土内的氢氧化钙反应生成碳酸钙和水,进而使混凝土内部环境中的 pH 下降,这个过程被称为混凝土碳化[32-33]。随着氢氧化钙不断被溶解,羟钙石会不断溶解以维持混凝土内部 pH,待羟钙石完全被消耗,pH 会出现明显下降[34]。此时,由于混凝土中 OH^{-} 下降,钝化过程朝逆方向进行,钝化膜开始消解。混凝土的碳化程度受多种因素共同影响,但主要与二氧化碳浓度、湿度以及混凝土自身的密实性密切相关。据报道,钢筋锈蚀的临界 pH 在 11.12~11.05,在此 pH 范围内钝化膜开始进入不稳定状态;当 pH 降至 10.08,钢筋表面出现锈蚀[35]。在不同混凝土环境中,临界 pH 会存在一些差异,但可以肯定的是,pH 低于 9 时,钢筋表面的钝化膜会被完全破坏,腐蚀程度加重[36]。此外,碳化作用将会导致混凝土中的氯铝酸盐分解,释放出自由氯离子和铝酸三钙,提升环境中的氯离子浓度,进而加重钢筋锈蚀。

1.2.3 氯离子侵蚀对钢筋锈蚀的影响

氯离子侵蚀是导致混凝土中钢筋锈蚀最重要的原因,氯离子主要来源于两个渠道:混凝土浇筑时混入其中的氯化物，以及通过扩散渗透作用进入混凝土结构中的氯离子。浇筑时混入的氯离子主要是由于添加的一些外加剂及骨料中含有氯化物；外界渗入的氯离子则来自混凝土工程的服役环境（如海洋环境），氯离子通过扩散渗透作用进入混凝土，并逐步到达钢筋表面，扩散速率与浓度差、混凝土自身密实性能等因素关联较大[37]。混凝土中的氯离子分为自由氯离子和结合氯离子，只有足够量的自由氯离子才可能会破坏钢筋表面钝化膜，引起钢筋锈蚀[36]。在高碱性的混凝土环境中，当自由氯离子浓度较低时，即使钝化膜遭到破坏，也能被重新修复，不会出现钢筋锈蚀现象。只有当氯离子浓度超过一定的阈值，且满足氧和水分条件，才会诱发钢筋锈蚀。由于钢筋锈蚀的机理较为复杂，因此氯离子阈值并无固定值[38]。通常在氢氧化钙溶液中，$[Cl^-]/[OH^-]>0.6$ 时，钢筋表面会出现点蚀；$[Cl^-]/[OH^-]<0.6$ 时，腐蚀未被观察到[39]。氯离子引起钢筋锈蚀的机理具体如下[34, 40]：

（1）局部酸化。当氯离子穿透混凝土到钢筋表面时，其会被钢筋优先吸附，使得钢筋表面的氯离子浓度远远大于混凝土中的氯离子浓度。由于离子竞争吸附，钢筋表面氯离子浓度高，导致相同部位的氢氧根离子浓度更低（pH 下降），造成局部酸化现象。钝化膜在酸性环境中极难稳定存在，钢筋锈蚀也因此更容易发生。

（2）形成腐蚀电池。钢筋表面的钝化膜局部被破坏后，易与剩余的钝化膜完整部位共同形成大阴极、小阳极，这就致使电位差出现，构成腐蚀电池，阳极区/暴露面快速腐蚀，从钢筋表面形貌变化上来看，就是形成的点蚀。此外，由于氯离子从钝化膜的缺陷处与钢筋接触，会增强阴极和阳极之间的导电性[41]，进而使钝化膜破坏处的腐蚀电流增大，进一步加快钢筋腐蚀速率。

（3）催化作用。在钢筋的锈蚀反应中，氯离子持续参与反应，但自身并不会被消耗，因此起催化作用。钢筋的阳极发生电化学反应生成 Fe^{2+}，部分 Fe^{2+} 会因未能及时扩散而积累在阳极反应的部位，抑制阳极反应，即发生阳极极化。但若存在足够浓度的氯离子，Fe^{2+} 会因为与氯离子结合而不积累在钢筋表面，导致阳极腐蚀反应的持续发生。Fe^{2+} 与氯离子反应生成的 $FeCl_2$ 易与 OH^- 反应生成溶解性低的 $Fe(OH)_2$，$Fe(OH)_2$ 易与水和氧气反应，在钢筋表面形成铁锈，而被释出的 Cl^- 会参与到新一轮的与 Fe^{2+} 的反应中，如此循环。

1.2.4 氯离子和硫酸根共存对钢筋锈蚀的影响

我国幅员辽阔，拥有广阔的海洋、江河、盐湖和盐碱地区，这些环境中都含有较高浓度的硫酸盐和氯盐，如海洋环境中 Cl^- 含量约为 19.0 g/L，SO_4^{2-} 含量约为 3.0 g/L；盐湖中 Cl^- 含量为 92.3～204.2 g/L，SO_4^{2-} 含量约为 22.2～36.4 g/L[42-44]。服役于这些环境中的钢筋混凝土将同时遭受氯盐和硫酸盐的侵蚀。

Shaheen 等[45]研究发现，在模拟混凝土孔溶液（simulated concrete pore solution,

SCPs)中，当氯离子和硫酸根离子共同作用时，钢筋表面钝化区的范围比在单一氯离子环境中更大。Qiao 等[46]研究发现，硫酸盐能够抑制混凝土环境中的钢筋锈蚀，且硫酸盐浓度越高，这种腐蚀抑制作用越明显。Liu 等[47]发现氯离子和硫酸根离子的共存导致了较高的腐蚀电流密度，这表明硫酸根离子加速了钢筋在 SCPs 中的腐蚀。Zou 等[48]发现硫酸根离子会造成混凝土保护层的膨胀开裂，加快了氯离子的传输速率，从而加剧钢筋腐蚀程度。Zuo 等[49]发现，在硫酸盐-氯盐复合溶液腐蚀前期，硫酸盐减缓了水泥净浆内钢筋的锈蚀进程；而随着腐蚀龄期的延长，硫酸盐的存在会加速钢筋的锈蚀速率。总的来说，不同研究者对于硫酸根对氯离子侵蚀的影响规律还存在争议，这可能与研究者采取不同的实验方法有关。但可以确定的是，在硫酸根存在时，氯离子引起的钢筋锈蚀会受到明显的影响。

1.3 钢筋锈蚀的防护手段

1.3.1 混凝土防护涂层

涂刷在混凝土表面的涂层能够为混凝土结构提供一层阻隔氯离子渗透的屏障，进而降低钢筋附近的氯离子浓度，减少钢筋锈蚀[50-51]。此外，混凝土涂层还能有效阻隔氧气、水分、二氧化碳等物质在混凝土中的渗透，从多方面提升混凝土的耐久性。常见的混凝土涂层可分为有机防护涂层和无机防护涂层[52-57]。无机防护涂层中，渗透结晶型防水涂层较为常见，此种涂层具有优异的防水、抗渗、耐老化等性能。渗透结晶型防水涂层内的硅酮离子在混凝土内部扩散，与混凝土中的钙离子反应生成不溶于水的晶体，这些晶体充满混凝土内的孔隙中，能提升混凝土的密实度，进而有效提升其抵御有害物质/离子侵蚀的能力。有机防护涂层主要包括环氧树脂涂层、聚氨酯涂层、氟树脂涂层、丙烯酸涂层等。这些涂层主要起物理隔绝的作用，其附着在混凝土表面，能有效隔绝水分、氯离子、二氧化碳等腐蚀介质进入混凝土中，有效延缓钢筋的锈蚀起始时间。

1.3.2 耐蚀钢筋

耐蚀钢筋主要包括不锈钢钢筋、环氧涂层钢筋、镀锌钢筋(图 1.2)等[10, 58-61]。不锈钢钢筋相比普通钢筋具有更好的防腐蚀性能，氯离子临界值更高，可以有效提高混凝土结构的防腐蚀性能，但是造价较高。环氧涂层钢筋由于具有良好的耐碱性、耐化学侵蚀、耐摩擦性等优点，目前被广泛应用。然而，环氧树脂涂层会降低钢

图 1.2 镀锌钢筋[10]

筋和混凝土之间的黏结力。此外，涂层破损处的钢筋更易腐蚀。上述两点成为限制其在工程中应用的主要原因。镀锌钢筋耐锈蚀效果优良，但成本太高，在工程中应用较少。

1.3.3 高性能混凝土

高性能混凝土为一种高技术混凝土，其采用现代混凝土技术制作，能够大幅度提高普通混凝土性能，它以耐久性作为设计的主要指标[62-63]。高性能混凝土的特点是：低水胶比；选用优质原材料；除混凝土拌制的基本物料，还必须添加相当数量的矿物细掺料以及高性能外加剂。高性能混凝土具有较强的抗渗以及抗离子侵蚀性能，进而提供较好的腐蚀防护效果。

1.3.4 电化学修复

在混凝土耐久性研究领域，常见的电化学修复技术有电化学脱盐[64]、电迁移阻锈[65]、双向电迁移（图 1.3）[66]、混凝土再碱化[67]和钢筋阴极保护[68]等。电化学脱盐技术是指向钢筋混凝土结构施加一个外加电场，在此电场作用下，原本聚集在钢筋附近的氯离子会逐渐朝远离钢筋的部位迁移，以此达到脱盐的目的。电迁移阻锈则是利用电场作用，将电解液中的阻锈剂迁入混凝土内，达到保护钢筋的效果。双向电迁移技术则是结合了电化学脱盐技术和电迁移阻锈技术的特点，在电场作用下，混凝土内部的氯离子被迁出，而带正电的阻锈剂则被迁移进入混凝土直至到达钢筋表面。混凝土再碱化是指将受碳化混凝土放置在碱性电解液中，然后施加电场使碱性物质迁移至混凝土内部，提升混凝土内的碱度，进而使钢筋再钝化。阴极保护技术是将钢筋与外加电流相连，使钢筋成为阴极，从而抑制电化学过程中的电子转移。

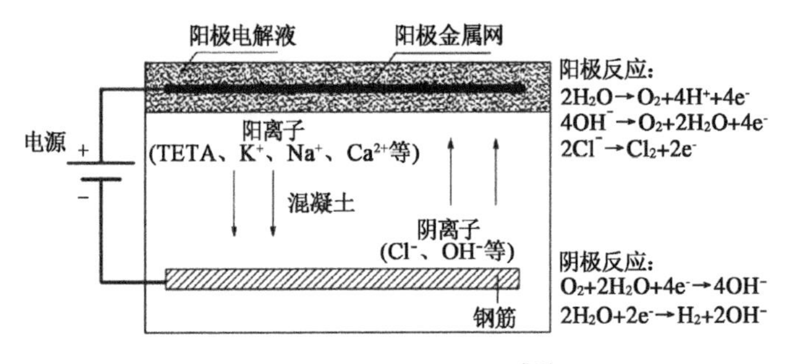

图 1.3 双向电迁移原理[66]

1.3.5 钢筋阻锈剂

混凝土中的钢筋锈蚀一般是由渗透穿过混凝土层的氯离子引起的，氯离子到达钢筋表面后，会破坏钢筋表面的钝化膜，这一过程发生了电子转移，因此钢筋锈蚀属于电化学过程。为抑制钢筋与混凝土孔隙液发生电化学反应以降低钢筋锈蚀的风险，研究人员开发出一系列不同类型的阻锈剂。阻锈剂通常通过吸附在钢筋表面或参与界面化学反应，在钢筋表面形成一层保护膜(吸附膜或钝化膜)，这层保护膜能有效阻隔氯离子对钢筋的侵蚀。阻锈剂由于具有施工简便、成本相对较低、阻锈效率较高等特点，受到了广泛的关注。

1.4 钢筋阻锈剂的研究现状

1.4.1 无机阻锈剂

无机阻锈剂主要有亚硝酸盐、钼酸盐、磷酸盐、铬酸盐、硅酸盐以及含砷化合物等[69-75]。亚硝酸钙是一种阻锈效果佳、应用广泛的无机阻锈剂，30%浓度的亚硝酸钙溶液可作为迁移阻锈剂，用于氯离子污染的钢筋混凝土结构修复[76-77]。由于地理因素的限制，日本国内河砂稀少，因此大量使用海砂掺入混凝土中。为了抑制氯离子引起的锈蚀，20 世纪 70 年代起，日本开始将亚硝酸钙作为钢筋阻锈剂应用到工程中。在同一时期，美国 Grace 公司针对亚硝酸钙的阻锈性能展开了大量研究，结果发现亚硝酸钙的阻锈性能与亚硝酸钠相当，但是亚硝酸钙能使混凝土力学性能增强。很长一段时间内，以亚硝酸钙为代表的无机阻锈剂在美国、日本和欧洲等发达国家和地区得到了广泛应用。我国的钢筋阻锈剂研究开始得也比较早，20 世纪 60 年代就将亚硝酸钠作为阻锈成分应用到钢筋混凝土中，但相关研究进展得并不顺利[78]。1985 年，我国冶金建筑科学研究院研制出了以亚硝酸钙为主要成分的阻锈剂，并将其成功应用在一些大型混凝土工程中。然而，研究表明[79]，亚硝酸盐阻锈剂存在如下缺陷：(1)亚硝酸盐只能在高碱性环境中发挥作用，在碳化的混凝土环境中防腐效果较弱；(2)亚硝酸盐阻锈剂属“危险型”阻锈剂，在氯离子浓度较高或亚硝酸盐浓度较低时，阻锈剂反而会加速钢筋腐蚀；(3)亚硝酸盐具有较大的污染性，对人体有致癌风险，已在多国被禁止使用。

20 世纪 90 年代起，单氟磷酸钠(MFP)作为一种新型无机阻锈剂逐步受到各国研究者的关注。Ngala 等[80]系统研究了 MFP 对混凝土中钢筋的腐蚀防护作用，结果表明，掺入 MFP 后能有效提升钢筋抵御氯离子侵蚀的能力。Bastidas 等[81]研究了单氟磷酸钠、磷酸氢二钠以及磷酸三钠对钢筋的阻锈效果，结果表明，三种含磷阻锈剂都具有良好的阻锈效果，其中单氟磷酸钠效果最佳。

1.4.2 有机阻锈剂

从 20 世纪 90 年代起，有机阻锈剂越来越受到人们的重视，常见的有机阻锈剂包括胺类、醇胺类、羧酸盐类、季铵盐类以及它们的一些混合物[82-84]。Ormellese 等[62]研究了胺类、醇胺类阻锈剂对混凝土中钢筋的阻锈作用，结果表明，这几类阻锈剂能够明显推迟腐蚀起始时间，这是由于有机阻锈剂与水泥水化产物发生反应，生成复杂的化合物，有效填充混凝土内部孔隙，进而提升氯离子传输难度。施锦杰等[85]研究了苯并三氮唑对钢筋的阻锈作用，发现 0.25 mol/L 的苯并三氮唑具有良好的阻锈效果，阻锈效率达 98.3%。赵冰等[86]研究了 D-葡萄糖酸钠对 SCPs 中钢筋的腐蚀抑制效果，发现 D-葡萄糖酸钠具有良好的阻锈效果，其主要是通过在钢筋表面的竞争吸附并形成吸附膜发挥作用。Zhao 等[87]采用不同的电化学测试方法，研究了阳离子表面活性剂十二烷基苯磺酸三乙醇胺（TDS）对 Q235 碳钢在模拟混凝土孔隙溶液中的阻锈性能，结果发现，TDS 浓度越高，阻锈效果越好，添加 TDS 后，金属表面的点蚀数量明显减少。Tourabi 等[88]研究了三唑类阻锈剂的防腐性能，发现此种阻锈剂在碳钢表面具有良好的吸附性能和阻锈效果。总的来说，有机阻锈剂一般通过在钢筋表面吸附形成有机薄膜来达到阻锈效果：一方面，通过有机分子的憎水基团使分子膜排斥侵蚀离子的接近；另一方面，致密的有机薄膜能够有效地阻隔氯离子进入金属表面[89]。

1.4.3 绿色阻锈剂

随着人们环保意识的提高，阻锈剂在应用过程中可能引起的污染问题引发了科研人员的重视，传统阻锈剂在生产和应用过程中都可能会对环境造成污染。因此，开发出绿色无（低）污染、高效的新型阻锈剂具有重要价值。

Jiang[90-91]选用脱氧核糖核酸（DNA）作为阻锈剂，分别在混凝土模拟液和砂浆环境中研究了 DNA 的腐蚀防护性能，结果表明，DNA 阻锈剂在碳钢表面形成了致密的膜，显著提高了碳钢电极的耐腐蚀性能。在腐蚀初期，DNA 分子在钢表面的吸附抑制了腐蚀过程，吸附膜主要抑制了阴极反应。在腐蚀过程的中后期，随着 NaCl 浓度的增加，DNA 吸附在腐蚀反应活跃的区域，主要抑制了阳极反应，这说明 DNA 为混合型阻锈剂。Liu 等[92]研究表明，生姜提取液能够有效抑制混凝土环境中钢筋的腐蚀，根据动电位极化、衰减全反射傅里叶变换红外光谱（ATR-FTIR）和 X 射线光电子能谱（XPS）的分析结果，发现生姜提取物是一种混合型阻锈剂，可改善钢筋的耐腐蚀性能，具体作用方式是通过形成碳质有机膜来抑制阴极和阳极的腐蚀反应。

Martinez[93]研究了含羞草提取物在碱性溶液中的阻锈效果，结果表明，含羞草提取物能使钢筋的点蚀电位提高。Bribri 等[94]研究了大戟提取物作为钢筋阻锈剂的阻锈效果，结果表明，大戟提取物属于混合型阻锈剂，通过在钢筋表面吸附成膜的方式起到阻锈作用。Oguzie 等[95]研究发现天堂椒提取物具备良好的阻锈效果，能同时抑制电化学反应的阴极和阳极，在不同的 pH 及温度下，天堂椒提取物的阻锈效果不同。Ramos 等[96]发现薄荷提取物能有效抑制碳钢的阳极反应，这归因于提取物在碳钢表面的吸附作用。

田惠文[12]在量子化学计算的基础上，筛选了维生素 B2、维生素 C、维生素 B3 以及维生素 B6 等几种绿色维生素阻锈剂(图 1.4)，采用电化学阻抗谱研究了这几种阻锈剂在不同浓度、温度、腐蚀时长下的阻锈规律，分析了维生素阻锈剂在碳钢表面的成膜过程。结果表明，不同的维生素阻锈剂都具备良好的吸附成膜性能，能有效抑制混凝土环境中的钢筋锈蚀。田惠文还指出了传统电化学研究中存在对状态变量考虑不足的问题，发现了界面型动态吸附膜发生几何覆盖现象属于特殊案例。

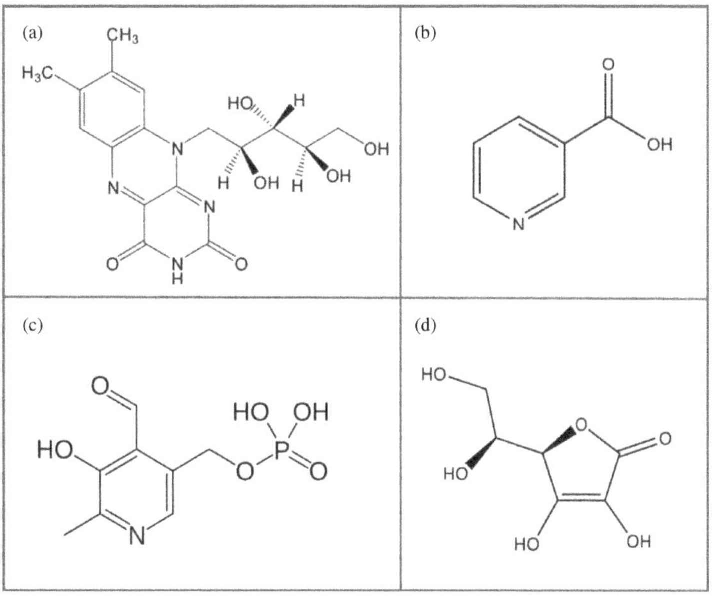

图 1.4 维生素阻锈剂的分子结构：(a)维生素 B2；(b)维生素 B3；(c)维生素 B6；(d)维生素 C[12]

1.4.4 载体负载型阻锈剂

传统阻锈剂虽然各有优势，但直接将阻锈剂掺入混凝土中往往会出现一些问题，如性能单一、易挥发、提前失效等。因此，研究者使用一些载体对阻锈剂进行装载，然后以载体负载阻锈剂的形式掺入混凝土环境中发挥腐蚀抑制作用。这样做的好处有：一方面是使阻锈剂掺入混凝土中时不直接与混凝土接触，因而不对水泥基材料自身性能造成负面影响；另一方面是这类载体通常是在特定的激发条件下才释放阻锈剂，这使得阻锈剂不易出现提前降解失效、挥发等问题。常见的阻锈剂载体包括微胶囊、沸石、水滑石等。

(1) 微胶囊负载阻锈剂

微胶囊是由壁材包裹芯材制成，壁材通常以聚合物构成，芯材则根据材料设计需求为各种有机物及无机物。微胶囊具有核壳结构，能够减少芯材提前泄露，智能释放芯材，避免或减少芯材与作用基体的兼容性问题[97-99]。在钢筋混凝土腐蚀防护领域，采用微胶囊对阻锈剂进行包裹较为常见。微胶囊阻锈剂通常在特定的触发条件下被触发，结构破裂，从而释放阻锈剂。微胶囊阻锈剂的触发机理通常包括温度触发、磁触发、pH 触发、Cl^- 触发等，其中最为常见的是 pH 触发。

Dong 等[100]选用聚苯乙烯树脂(PS)作为微胶囊载体、单氟磷酸钠(MFP)作为负载阻锈剂，合成了微胶囊包裹单氟磷酸钠(PS/MFP)，PS/MFP 中的阻锈剂释放量随混凝土模拟液 pH 的降低而升高，MFP 在中性环境中的释放量比在碱性环境中高出 10%。此外，Dong 等[101]还研究了含乙基纤维素/单氟磷酸钠(EC/MFP)微胶囊的小尺寸钢筋砂浆试样(砂浆尺寸为 10 mm×10 mm×10 mm，钢筋直径为 2.5 mm、长度为 8 mm)在干湿循环腐蚀环境中的钢筋锈蚀行为，结果表明，EC/MFP 微胶囊可使钢筋锈蚀的诱发时间延后约 14 d，21 d 后的阻锈效率约为 80%。朱洋洋[11]采用聚乙二醇- b -聚苯乙烯(PEO-b-PS)双亲性嵌段共聚物作为胶囊组成材料，苯并三氮唑(BTA)作为有机阻锈剂包裹组分，通过溶液透析法制备有机微纳阻锈胶囊(BTAC)。在砂浆中，pH≥9 时，BTAC 附近的 C-S-H 凝胶状态稳定，BTA 的释放量低于 20%；当 pH 低至 7 及以下时，C-S-H 凝胶出现分解现象，BTA 的释放量达到 90%以上。当氯离子引起钢筋表面锈蚀时，锈蚀部位 pH 下降，将激发 BTAC 释放 BTA，在钢筋表面形成吸附膜，抑制腐蚀电化学反应，发挥智能阻锈作用(图 1.5)。

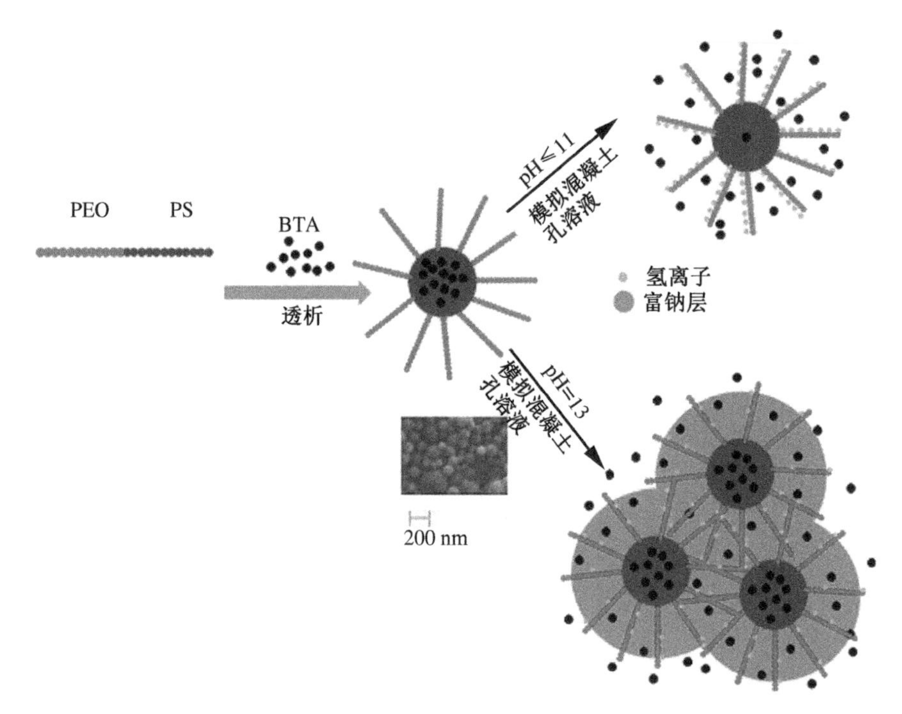

图 1.5 SCPs 中 BTAC 的 pH 敏感机理示意图[11]

(2) 沸石负载阻锈剂

Yang 等[102]制备了沸石负载 1,6 -己二胺阻锈剂，并将其用在模拟混凝土溶液中，进行了对碳钢的防腐性能探究。结果表明,相较于阻锈剂直接加入溶液中,沸石负载阻锈剂基于其控制释放机制,降低了钢筋表面的成膜速度,提升了钢筋表面成膜的致密性,最终延长了 1,6 -己二胺的腐蚀防护时效。杨振国[103]制备了沸石负载月桂酸咪唑啉阻锈剂,研究发现沸石负载月桂酸咪唑啉阻锈剂能够改善混凝土的孔隙结构。这一方面是因为避免了月桂酸咪唑啉阻锈剂直接掺入引起的引气现象,另一方面是因为发挥了沸石的填充效应。此外,月桂酸咪唑啉阻锈剂可以迁移到钢筋表面,抑制钢筋锈蚀的速率。

(3) 阻锈剂插层水滑石

近年来,由于具备良好的离子交换能力,水滑石(LDH)在混凝土耐久性研究领域中引起了众多学者关注。其中,阻锈剂插层水滑石(corrosion inhibitor intercalated LDH, INT-LDH)体系由于兼具缓释阻锈剂和固化氯离子两大特性,具备广泛的应用前景和研究价值。关于 LDH 的概述及 INT-LDH 的研究现状将分别在本章 1.5、1.6 小节中进行详细介绍。

1.5 水滑石类材料的概述

水滑石(layered double hydroxides, LDH)也被称为层状双氢氧化物,是一种阴离子层状化合物。该类材料具有类水镁石层状结构(图 1.6),层板由二价金属阳离子(M^{2+})和三价金属阳离子(M^{3+})组成,其化学组成通常表示为$[M^{2+}_{1-x}M^{3+}_{x}(OH)_2]^{x+}[A^{n-}_{x/n}]^{x-}\cdot mH_2O$[104-106]。它具有优异的离子交换性、结构记忆效应和热稳定性等特性,被广泛应用于药物缓释、催化和储能等领域[107-109]。

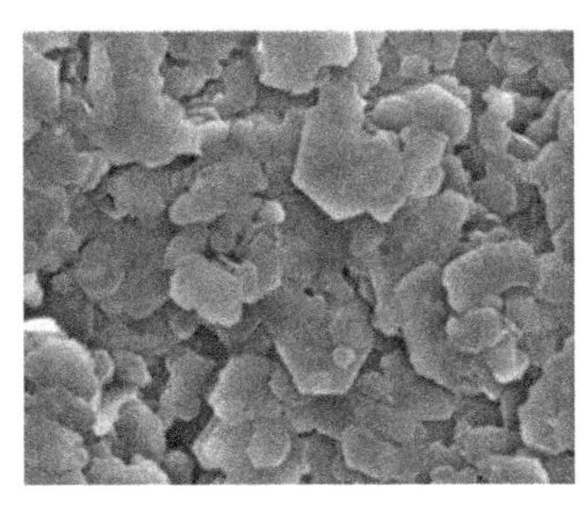 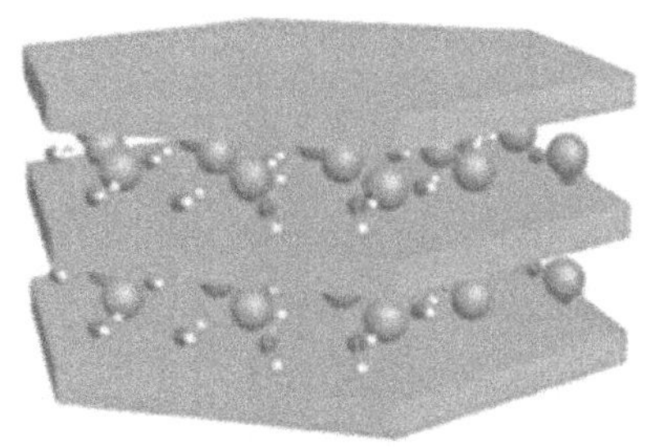

图 1.6 水滑石的形貌及结构示意图[110]

1.5.1 水滑石类材料的性质

(1) 层间客体阴离子的可交换性

由于 LDH 的层板带有正电,层间往往需要插入一些阴离子以达到电荷平衡[111-112]。

LDH具有良好的层间阴离子可交换性,多种阴离子(有机阴离子、无机阴离子和金属配合物等)均可通过离子交换等途径进入LDH层间,因此LDH可以成为具有不同应用性能的材料。

(2) 结构记忆效应

在高温焙烧下,LDH层间阴离子和结合水将受热分解,原有的层状结构会坍塌,形成双金属复合氧化物[113-114]。一般情况下,当焙烧温度在500℃左右时,所生成的氧化物为焙烧水滑石(CLDH),在一定程度上依旧保持层状结构。将CLDH重新放置在适宜的阴离子溶液环境中时,其通过吸附阴离子至其层间恢复层状双氢氧化物结构,此现象即为结构记忆效应。值得注意的是,LDH的结构记忆效应并非其结构完全复原,复原过程中其结晶度会有一定程度的下降。当焙烧温度高于600℃时,焙烧产物由复合金属氧化物转化为致密的尖晶石结构,无法恢复到原始层状LDH结构[115-116]。

(3) 热稳定性

以常见的碳酸根型LDH为例,当加热到一定温度时,LDH会受热分解,出现层间水、层间阴离子等脱除的现象。当加热温度低于200℃时,会有层间水脱除,但LDH结构不受影响;当温度达到250~450℃时,除层间水继续脱除外,碳酸根也以部分转化成二氧化碳的形式脱除;当温度达到450~500℃时,碳酸根完全转变为二氧化碳,形成双金属复合氧化物。在上述加热过程中,LDH的层状结构逐渐坍塌,表面积增大。当加热温度提升到600℃以上时,双金属氧化物出现烧结现象,致使表面积和孔隙体积减小,形成尖晶石和氧化镁。

1.5.2 LDH的应用

(1) 在吸附方面的应用

由于具备阴离子交换性、结构记忆性、大比表面积等特点,LDH有着良好的阴离子吸附性能,有望作为一种绿色环保的阴离子污染物吸附剂应用在水处理领域。在水处理领域,LDH是一种常见的吸附质[117-118]。Duan等[119]研究发现镁铝水滑石对As(Ⅴ)的吸附量达到了8.141 mg/g。Ulibarri等[120]研究了LDH对溶液中三氯苯酚和三硝基苯酚的吸附效果,结果表明,LDH在处理酚类污染物方面具有巨大潜力。

(2) 在催化和储能方面的应用

LDH层板上包含了数量众多的羟基,且金属离子均匀分布,有着良好的可调控性。经过焙烧处理后,能够得到复合金属氧化物。通常可将LDH及其焙烧产物直接用作多种化学反应的催化剂,同时也可将其作为催化剂的载体用于不同反应,如缩聚反应[121]、氧化反应[122]、加氢反应[123]、酯交换反应[124]等。此外,通过一系列物理化学手段将具有特定功能的阴离子插入LDH层间,或将LDH构筑成特定形状,如单片层纳米片[125]、核壳结构[126]、纳米花[127]等方式,都可使LDH具备良好的光电催化性能。

(3) 在药物缓释方面的应用

在药物研究领域,LDH 常常被用作药物分子的载体,以发挥其靶向效应及缓释效应[128-130]。在不同溶液中,LDH 中药物分子的释放规律不仅受到溶液成分的影响,也受到 LDH 层板离子种类以及 LDH 层间环境的影响,在多种因素的共同控制下,成为较为理想的控释载体。布洛芬以及牛磺酸是较为常见的消炎类药物,它们在水中的溶解性较差,但分子尺寸较小,较适合用 LDH 进行负载,是关于 LDH 药物缓释的研究中常用到的两种药物。Ambrogi 等[131]应用 LDH 来提高消炎药物(如酮洛芬、吲哚美辛)的水溶性,将药物分子插层到 LDH 片层间,然后缓慢释放出来,化学稳定性长达 4 年。Tyner 等[132]采用阴离子表面活性剂对喜树碱分子进行改性,使其带负电荷,然后将其插层到 LDH 层间,以提高喜树碱的适应性。

(4) 在混凝土耐久性方面的应用

层状双氢氧化物由于具备良好的离子交换性能,能够有效吸附环境中的阴离子。而混凝土耐久性各方面的问题都与 Cl^-、SO_4^{2-}、CO_3^{2-} 等阴离子的侵蚀有关。目前,武汉理工大学的水中和团队[133-136]系统研究了焙烧水滑石对于混凝土碳化、硫酸根离子侵蚀、氯离子侵蚀等耐久性问题的改善效果及机制,发现适量的 LDH 能够有效改善混凝土的耐久性能。但是直接将 LDH 单独掺入混凝土中仅仅起到固化阴离子的作用,缺乏主动的防护作用。一些学者提出将阻锈剂插层进入层状双氢氧化物层间,以制备阻锈剂插层层状双氢氧化物(INT-LDH)。相对于直接掺入阻锈剂,水滑石负载阻锈剂具有更高的阻锈效率和更佳的长效防腐效果。这一方面得益于 Mg-Al-LDH 在释放阻锈剂的同时还能有效吸附环境中的 Cl^-,另一方面是因为这种缓释效应可以降低阻锈剂的消耗速度以及泄漏量。因此,INT-LDH 具有重要的研究价值。

1.6 阻锈剂插层水滑石(INT-LDH)的研究现状

钢筋混凝土腐蚀防护领域的研究者基于 LDH 的离子交换能力,将阻锈剂插层于水滑石层间,构建阻锈剂插层水滑石(INT-LDH)体系。INT-LDH 能有效吸附混凝土环境中的侵蚀性阴离子,并且能够智能控制阻锈剂的释放,避免出现阻锈剂提前泄漏,提升阻锈时效[29-30]。

1.6.1 INT-LDH 的制备

(1) 共沉淀法

共沉淀法是一类传统的 LDH 制备方法,通常是将用于形成金属层板的盐溶液和作为层间阴离子的碱溶液混合,然后在特定条件下(pH、温度、合成气氛、搅拌时间等)经历沉淀、结晶、过滤、洗涤、干燥等步骤,得到目标产物。共沉淀法可以精准控制 LDH 的化学组成且合成产物具有很高的反应活性[137]。通过控制合成条件可以得到不同形貌和尺寸的 LDH[138][图 1.7(a)～(c)]。在钢筋混凝土腐蚀研究领域,Yang、Xu、Cao、Zuo 等研究者采用共沉淀法制备了不同种类的有机[28, 31][图 1.7(d)]、无机阻锈剂插层水滑石[29, 31, 110, 136, 139-141][图 1.7(e)～(f)],研究发现采用共沉淀法制备的 INT-LDH 阻锈剂负载率较高,Cl^- 置换能力强[110]。Liu 等[142]采用共沉淀成功制备锌铝硝酸根水滑石[图 1.7(g)],合成的锌铝水滑石具有清晰的片状结构,且晶型良好。制备 INT-LDH 时,一般是将去质子化的阻锈剂离子作为沉淀剂,通过共沉淀过程直接生成 INT-LDH,这种方法制备 INT-LDH 的优势在于有利于不同尺寸阻锈剂在 LDH 层间的插层。其缺陷在于实验精度要求高,尤其是合成环境的 pH,因为随着部分水滑石的生成,整个合成过程的 pH 难以维持为一个稳定值,因此合成产物往往不是理想的阻锈剂插层水滑石,而是更容易形成的碳酸根型和硝酸根型水滑石。

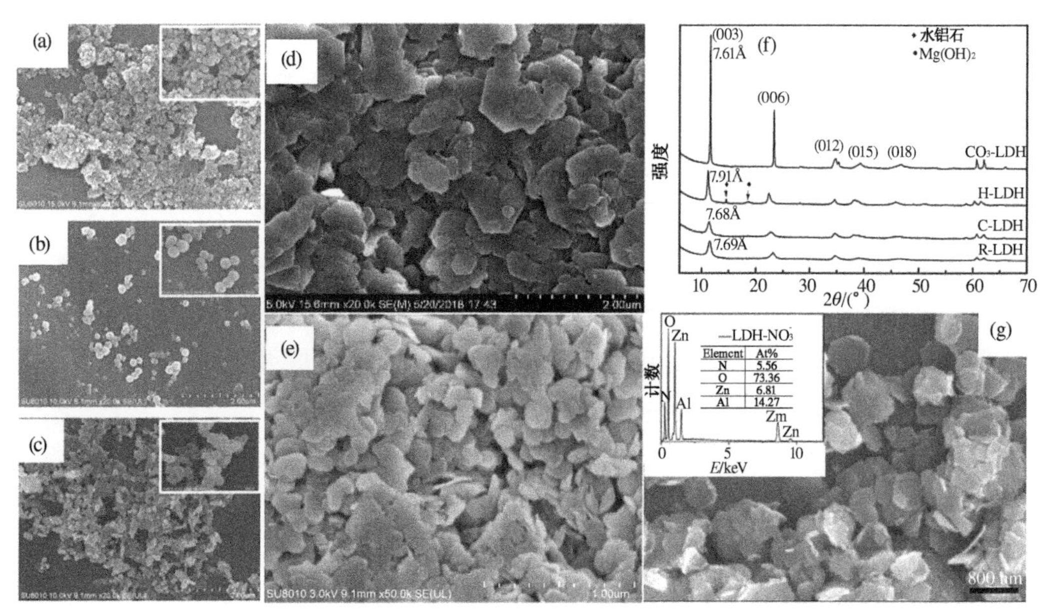

图 1.7 共沉淀法合成的不同类型水滑石的 SEM 图像和 XRD、EDS 图谱:(a)～(c) 不同尺寸的 Ca-Al-NO_3 的 SEM 图像;(d) Mg-Al-NO_2 的 SEM 图像;(e) Mg-Al-NO_3 的 SEM 图像;(f) Mg-Al-NO_2 的 XRD 图谱(C-LDH);(g) Zn-Al-MTT 的 EDS 图谱

(2) 离子交换法

离子交换法是基于 LDH 的阴离子交换特性,利用不同阴离子和 LDH 亲和性的不同,通过离子交换作用将目标阻锈剂插层于水滑石中,离子交换过程主要取决于 LDH 层板与阴离子之间的静电力以及阴离子尺寸[143-144]。通常 pH 须在 4 以上,以维持层状材料的完整性[29, 145]。Xu[140]采用离子交换法制得 Mg-Al-NO_2,但在钢筋混凝土防腐领域,采用离子交换法制备 INT-LDH 较为少见,这是由于这种合成方法虽然过程相对简便,但是受离子尺寸、电荷数目的影响较大，尤其对于有机大分子阻锈剂插层的难度较大。常见的成品 LDH 为碳酸根型和硝酸根型 LDH，碳酸根由于和水滑石层板结合得较紧密，基本不被任何阻锈剂离子置换，而能与 NO_3^- 置换的有机离子也是有限的。结合笔者的相关研究经验，这种方法虽然理论可行，但是合成有机阻锈剂插层水滑石时失败的概率较大。

（3）焙烧复原法

在合成阻锈剂插层水滑石（INT-LDH）时，焙烧复原法是一种非常简便、实用的制备手段。LDH 材料具有结构记忆效应，在经过焙烧处理后可以得到焙烧水滑石（CLDH）[146-147]，将其加入阴离子溶液中，伴随着目标阴离子插入水滑石层板的过程重建水滑石层状结构[148-149]，形成目标 INT-LDH。与共沉淀法和离子交换法相比，这种方法相对简单，且对合成条件的控制精度要求较低，对普通商用的碳酸根型水滑石进行焙烧复原就可合成目标 INT-LDH。在钢筋混凝土防腐领域，采用焙烧复原法制备 INT-LDH 是一种常见的做法，Zuo[110]、Yang[31]、Cao[28-29]、Wu[150]、Mei[151] 等研究者采用此法制备了-NO_2、-pAB、-PTL、-NO_3、-CrO_4^{2-}、$C_6H_5COO^-$ 等 INT-LDH（图 1.8）。在制备过程中，焙烧复原法中的焙烧温度和水浴时间都对阻锈剂插层效果影响较大，文献中采用的焙烧温度在 350～600 ℃，搅拌时间为 8～48 h 不等，然而目前钢筋混凝土防腐领域的相关文献没有对这方面的影响进行系统的研究。在混凝土工程中，添加剂的使用量是巨大的，因此简便的合成过程是十分重要的，焙烧复原法制备的 INT-LDH 具备大量生产的巨大潜力。

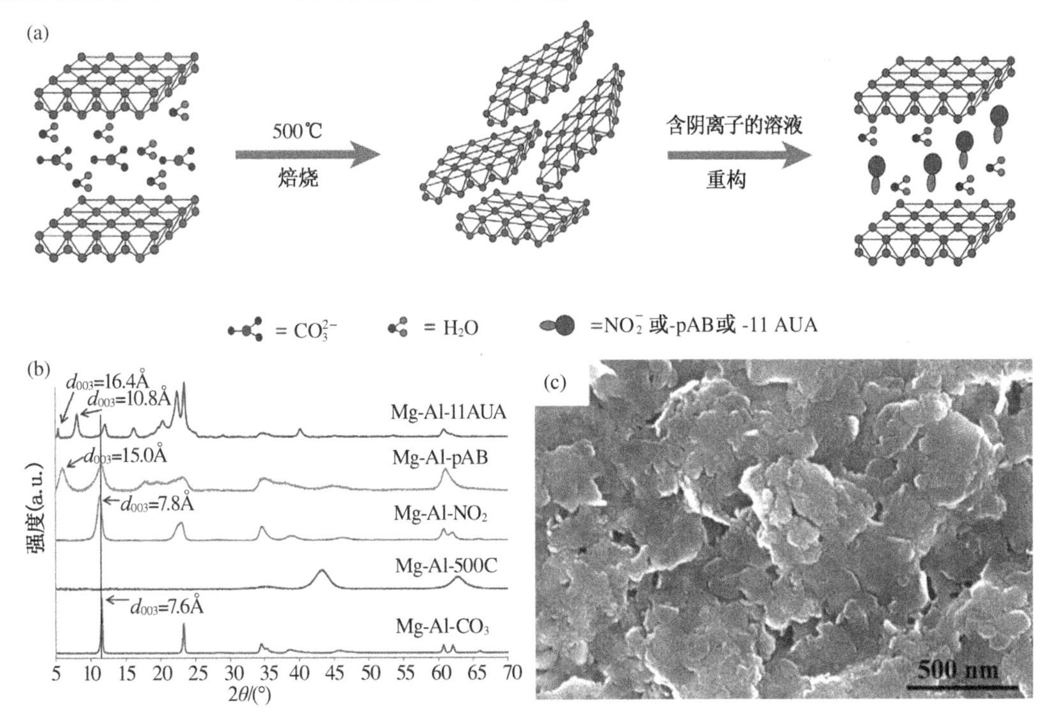

图 1.8 焙烧复原法制备 INT-LDH：(a) 焙烧复原法制备 INT-LDH 过程示意图；(b) 焙烧水滑石、Mg-Al-NO_2、Mg-Al-pAB 和 Mg-Al-11AUA 的 XRD 图谱；(c) Mg-Al-LDH-PTL 的 SEM 图像[152]

1.6.2 INT-LDH 在钢筋混凝土防腐中的应用

（1）无机阻锈剂插层水滑石

无机阻锈剂是工程中使用最早、最常用的阻锈剂，其代表是亚硝酸盐（NO_2^-）化合物，通常具有出色的阻锈效果。但由于亚硝酸盐具有高致癌性，亚硝酸盐阻锈剂在许多国家和地区被限制使用。相对于直接掺入 NO_2^- 阻锈剂，亚硝酸盐插层镁铝水滑石阻锈剂（Mg-Al-NO_2）具有更高的阻锈效率和更佳的长效防腐效果[29-30, 152]，这一方面得益于 Mg-Al-LDH 在释放阻锈剂的同时还能有效吸附环境中的 Cl^-，另一方面是因为这种靶向效应可以降低阻锈剂的消耗速度[153]。不同合成方法下阻锈剂的负载率不同，Zuo[110]研究发现，在共沉淀法、离子交换法以及水热法中，水热法制备的 Mg-Al-NO_2 插层效率最高，且防腐效果最佳。虽然焙烧复原法的负载率低于水热法，但其合成过程比较简便，且合成稳定性较高，从大批量工程应用来看，仍然比水热法更加具备推广前景。

（2）有机阻锈剂插层水滑石

目前成功制备的有机阻锈剂插层水滑石有对氨基苯甲酸插层镁铝水滑石（Mg-Al-pAB）[31, 154-156]、邻苯二甲酸盐插层镁铝水滑石（Mg-Al-PTL）[28]和邻苯二甲酸盐插层锌铝水滑石（Zn-Al-PTL）[29]。无论是在混凝土环境还是模拟液环境中，有机阻锈剂插层水滑石均能在氯离子激发的情况下释放阻锈剂，且具备显著吸附 Cl^- 的能力，发挥良好的阻锈效果。此外，有机阻锈剂插层水滑石在发挥缓释阻锈剂和固氯作用的同时，还能提升环境 pH，进一步降低钢筋的腐蚀倾向[28-29]。电化学研究表明，阻锈剂插层水滑石能够有效增强碳钢的电荷转移电阻，多数情况下阻锈效率在 80% 以上。此外，INT-LDH 还能延长阻锈剂的腐蚀防护长效性（图 1.9）。但值得注意的是，目前已有的被插层的有机阻锈剂插层水滑石虽然其毒性弱于无机阻锈剂，但是仍然不够环保。

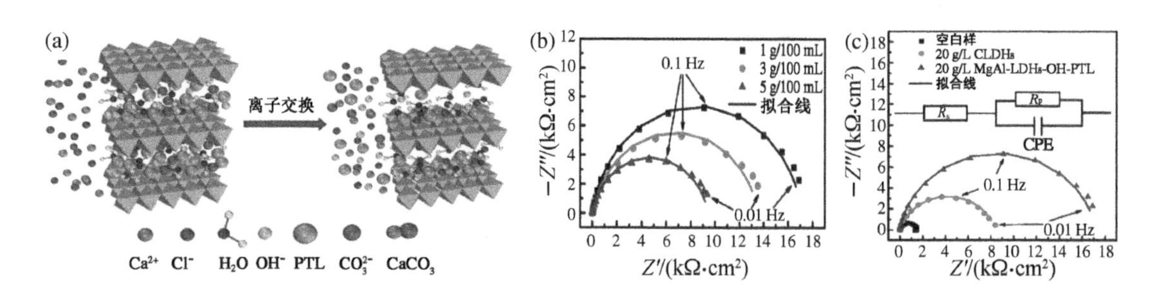

图 1.9 (a) Mg-Al-PTL 的腐蚀防护机理图；(b) 碳钢在包含不同 LDH/PTL 比例制备的 20 g/L Mg-Al-PTL 的 SCPs 溶液中浸泡 0.5 h 的奈奎斯特（Nyquist）图；(c) 碳钢在包含不同 LDH 的 SCPs 溶液中浸泡 0.5 h 的 Nyquist 图[28]

1.6.3 INT-LDH 对钢筋混凝土防腐效率的影响因素

（1）硫酸根

LDH 对于不同阴离子的置换优先级不同，LDH 的阴离子交换能力按以下顺序排列：$CO_3^{2-}>SO_4^{2-}>OH^->Cl^->NO_3^-$。由于 SO_4^{2-} 比 Cl^- 具备更强的结合能力，可以预见，SO_4^{2-} 的存在将会对 Cl^- 的吸附产生重要影响。虽然已知 LDH 对于不同阴离子的置换顺序，但是在混凝土防腐领域，对于不同离子共存下的 LDH 尤其是有机阻锈剂插层 LDH 的离子置换机制的认识仍然比较浅显，有待更为深入系统的研究。

（2）pH(OH^-)

正常混凝土内部环境呈碱性（pH=12.6），但在混凝土服役过程中，内部的 pH 并不是一成不变的，具体体现为 OH^- 浓度的变化[157]。Wei 等[158]研究发现，LDH 在酸性环境中时，OH^- 浓度升高，Cl^- 吸附能力降低，这是由于水滑石本身呈碱性，在酸性环境中可能自身不太稳定。在碱性环境中，OH^- 浓度越高，Cl^- 吸附能力越强。Gomes 等[159]研究了 Zn-Al-LDH 在不同 pH 下的 Cl^- 吸附能力，结果表明，pH 越高则 Cl^- 吸附性能越弱，当 pH 为 12.97 时，Zn-Al-LDH 丧失了 Cl^- 吸附能力。

（3）LDH 尺寸

LDH 因具备阴离子交换能力而能有效吸附混凝土环境中的 Cl^-。但不应被忽视的是，除离子交换作用外，LDH 的微填充作用[160]以及物理屏障作用[139]也能提升水泥基材料抗 Cl^- 侵蚀性能。这种微填充作用以及物理屏障作用的效果与 LDH 的尺寸关系密切。在同掺量情况下，LDH 尺寸越小，则抵御 Cl^- 能力越强（图 1.10）。这由三方面原因导致：一是在小尺寸情况下，LDH 在水泥基材料中具有更好的微填充效应，进而提升水泥基体的抗 Cl^- 渗透性能[160]。二是 LDH 的尺寸越小，LDH 所发挥的物理屏障效应也就更突出，有效提升 Cl^- 传输的难度[139]。三是小尺寸 LDH 的晶种效应更加显著，导致水化速度加快，水化产物增多，使水泥基材料更加密实，这也将直接影响 Cl^- 的阻挡能力[138]。

（4）层板金属离子类型

LDH 是由二价（M^{2+}）和三价（M^{3+}）金属离子在层状平面上构成的阴离子无机层状固体。因为层板的电荷密度受二价/三价金属离子比例（M^{2+}/M^{3+}）的控制，M^{2+}/M^{3+} 对 Cl^- 的置换能力有着显著影响。Chen 等[161]研究了不同二价阳离子和二价与三价阳离子的比值的 LDH 的 Cl^- 吸附性能（图 1.11），与 Mg-Al-NO_3（M-LDH）和 Ca-Al-NO_3（C-LDH）相比，Zn-Al-NO_3（Z-LDH）由于具有最大的层间距，因此具有最大的氯离子结合能力。

（5）环境温度

在不同区域以及不同季节下，钢筋混凝土所处的环境温度不同，而 LDH 的吸附-释放

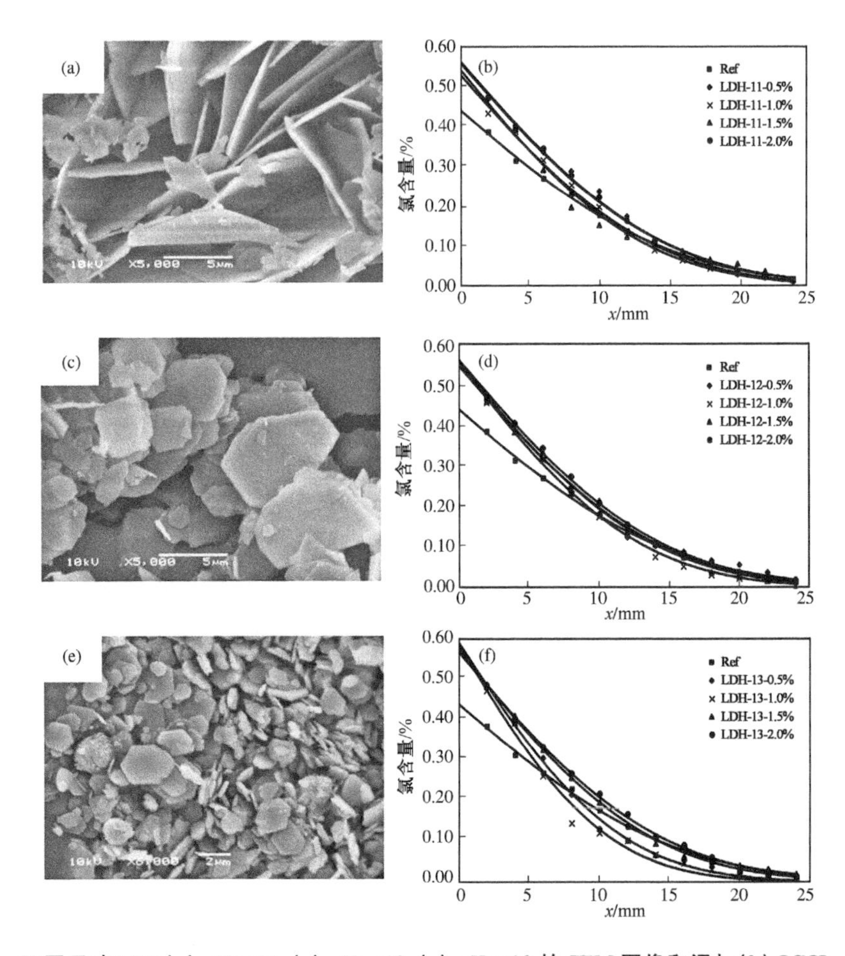

图 1.10　不同尺寸 LDH(a) pH=11;(c) pH=12;(e) pH=13 的 SEM 图像和添加(b) LDH-11;(d) LDH-12;(f) LDH-13 的砂浆测试及拟合氯离子扩散分布轮廓[139]

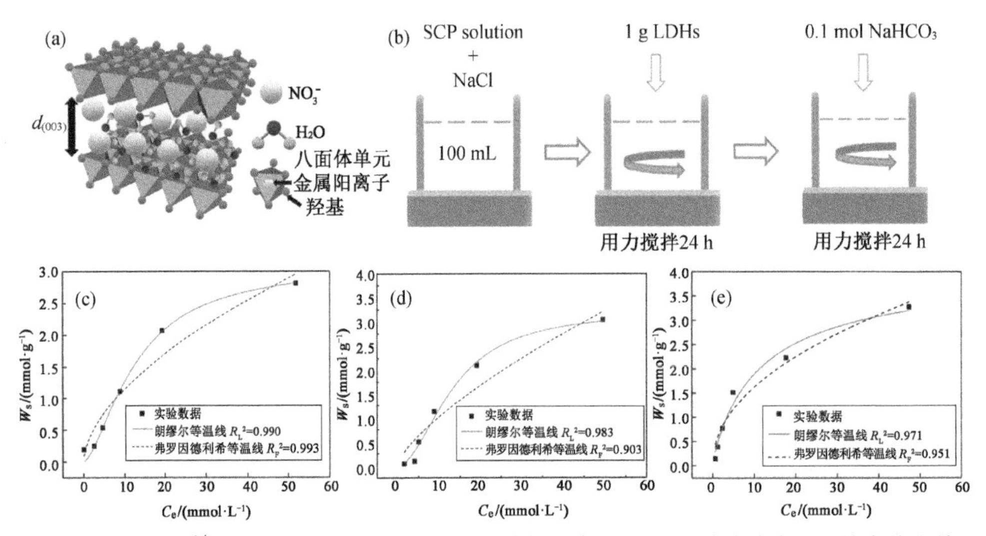

图 1.11　(a) M^{2+}(Mg, Ca, Zn)-Al-NO_3 LDH 结构示意图;(b) 测试溶液中 Cl^- 结合能力的实验过程示意图;(c-e) Mg-Al-NO_3、Ca-Al-NO_3、Zn-Al-NO_3 的 Cl^- 吸附等温线[161]

机制对温度敏感。Wei 等[158]研究发现，在 20～60 ℃范围内，随着环境温度的升高，LDH 的氯离子置换能力减弱。

（6）亲和性顺序

INT-LDH 发挥良好的阻锈效果必须基于拥有吸附 Cl^- 和释放阻锈剂这两方面的能力。这就涉及一个关键点：如果需要发挥良好的离子交换作用，则层间的阻锈剂离子的插层进入 LDH 层间的优先级必须低于 Cl^-，否则层间阴离子将很难被 Cl^- 置换，进而难以发挥理想的双效作用。Wu 等[150]研究发现，在混凝土模拟液中，不同无机阻锈剂以及 Cl^- 与 LDH 的亲和性关系如下：$CrO_4^{2-} > C_6H_5COO^- > Cl^- > NO_2^- > NO_3^-$，而阻锈效果依次为 NO_2-LDH>NO_3-LDH>C_6H_5COO-LDH>CrO_4-LDH。NO_2-LDH 阻锈效果优于 NO_3-LDH 是由于 NO_2^- 的阻锈性能原本就大大优于 NO_3^-，整体规律符合预期。

1.6.4 INT-LDH 研究中存在的问题

从已有的报道可以看出，学者们在阻锈剂插层水滑石（INT-LDH）方面的研究已经取得了一定成果，这为其在实际工程中的应用奠定了一定的基础。但是关于 INT-LDH 的研究仍然存在如下一些问题：

（1）绿色 INT-LDH 的可控制备与结合机制认识不足

目前在钢筋混凝土防腐研究领域，大多数学者对水滑石负载阻锈剂的研究只是局限于亚硝酸盐、钼酸盐等有害的无机阻锈剂插层，缺乏对于绿色有机阻锈剂的关注。同时，研究者们对于阻锈剂插层水滑石的制备效果以及影响条件缺乏系统研究，以至于不同研究者的研究结果分歧较大。此外，对于阻锈剂（尤其是有机阻锈剂）与水滑石的结合机制缺乏系统研究，对相关结合机制的认识比较模糊。这些问题的解决对于针对不同应用环境大规模制备绿色环保 LDH 阻锈剂具有重要的意义。

（2）INT-LDH 在复杂腐蚀环境下的缓释-置换机制不够明确

目前在钢筋混凝土防腐领域，研究者大多只是关注 LDH 阻锈剂在环境中的氯离子吸附能力，而对阻锈剂的控释动力学以及相关的机制研究较少，而 LDH 阻锈剂的控释动力学规律关系到钢筋表面阻锈剂含量的多少以及吸附膜的稳定性。此外，在钢筋混凝土服役过程中，环境中的 pH 以及离子种类都是复杂多变的，但目前的研究者主要是在模拟单一氯离子侵蚀的碱性环境中进行相关研究，这样得到的结论与在实际环境中差异较大。系统研究不同 pH、离子种类下的离子缓释-置换机制，能够为进一步实现 LDH 阻锈剂在混凝土中的应用打下基础。

（3）INT-LDH 对混凝土材料的水化过程及力学性能的影响规律尚不清晰

INT-LDH 尺寸为微米级大小、纳米级厚度，还具有吸水性能，且不同掺量的 INT-LDH 都有可能会发挥晶核效应、填充效应等作用，但也有可能会使水泥基材料性能下降，且不同掺量INT-LDH的影响预计会有很大差异。LDH阻锈剂发挥良好阻锈能力的前提是能够与水泥基材料具备良好的兼容性，目前在这方面的研究较少。因此，研究不同掺量的LDH阻锈剂对水泥基材料水化、孔结构及力学性能的影响具有重要意义。

(4) INT-LDH在不同侵蚀环境中钢筋混凝土的防腐机制不明确

现有的报道中，对于INT-LDH腐蚀防护机制的研究通常是在单一氯离子侵蚀的混凝土模拟孔溶液中进行的。而孔溶液环境与真实的混凝土(砂浆)环境相差巨大，且在现实环境中还面临着多离子共存以及存在不同的离子侵蚀方式等问题。因此，在单一氯离子侵蚀的混凝土模拟孔溶液中得到的研究结论往往与在实际工程中的规律相差较远。此外，在已有的报道中，对于由LDH负载前后的阻锈剂腐蚀防护规律的影响缺乏系统、定量的评估，关于INT-LDH的性能优势未被直接证明。因此，研究INT-LDH在不同侵蚀环境中钢筋混凝土的防腐机制，能够为INT-LDH在实际钢筋混凝土工程中的应用提供理论支持。

1.7 本书的研究内容、技术路线

1.7.1 研究内容

基于传统钢筋阻锈剂所存在的一些缺陷，阻锈剂插层水滑石(INT-LDH)的制备及其在混凝土环境中的应用受到了人们的关注。然而目前仍未很好地解决传统阻锈剂污染较大的问题，对绿色阻锈剂插层水滑石的制备及可控制备缺乏系统的研究。同时，关于INT-LDH在不同的混凝土环境中的缓释-置换机制缺乏全面系统的研究和结论。为了给INT-LDH的实际应用提供进一步的理论支持，有必要系统研究INT-LDH在实际水泥基材料中的兼容性及阻锈机制。因此，本书的研究目的在于为绿色阻锈剂插层水滑石的应用提供科学理论和方法指导。

针对目前常见的插层阻锈剂尤其是无机阻锈剂污染较大的问题，需要选择一种有机物作为被插层阻锈剂。对这种阻锈剂的首要要求是在混凝土环境中具备阻锈效果，其次是绿色无污染；此外，为便于在水滑石层间进行插层，该阻锈剂分子尺寸不宜过大，且较容易被去质子化而成为带负电的阴离子。在混凝土环境中，已被证实具备阻锈效果的绿色阻锈剂有DNA[90]、生姜提取物[92]、维生素B3(图1.12)[12, 162]等无毒有机物，其中DNA及生姜提取物分子尺寸太大，不利于插层，且DNA难以获取，性价比低。维生素B3作为一种无污染、易获取的有机物，其分子结构中包含羧基和

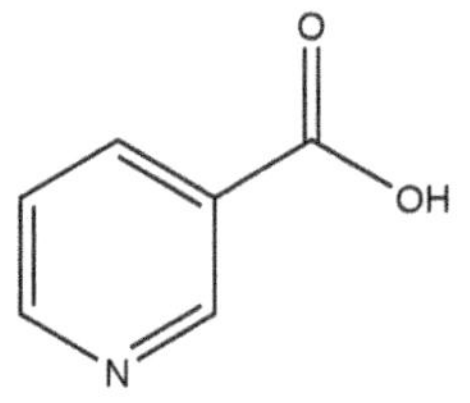

图1.12 维生素B3的分子结构

高电负性杂原子 N,有利于其在钢筋表面吸附成膜,目前维生素 B3 已被证实在混凝土环境中具备一定的阻锈效果[12, 162]。由于其分子结构中具有羧基,能够在碱性环境中进行去质子化,且其分子尺寸较小,理论上便于在水滑石中进行插层。因此,本书选择维生素 B3 作为被插层阻锈剂。

目前在混凝土耐久性研究领域,使用较多的水滑石主要有镁铝水滑石和钙铝水滑石。由于镁铝水滑石商业化程度最为成熟,相较于钙铝水滑石具备易获取、性价比较高的优势,在制备出较为成熟的阻锈剂插层水滑石产品后,具备更大的应用和推广潜力,因此所使用的水滑石为镁铝水滑石。

本书的主要研究内容如下:

(1) 维生素 B3 阻锈剂插层水滑石(VB3-LDH)的可控制备及其在混凝土模拟孔溶液(SCPs)中的防腐能力

根据 INT-LDH 的设计目标,从阻锈剂的绿色环保、阻锈性能、成本等因素考虑,优选了供插层的有机阻锈剂 VB3;基于易获取、价格低、负载率大的特性,优选了被插层的镁铝碳酸根型水滑石(CO_3-LDH);通过对不同合成条件、合成方法进行优化,制备出高负载率的 VB3-LDH;对制备出的 VB3-LDH 进行微观表征,阐明了阻锈剂与水滑石的结合机制。此外,还采用电化学手段评价了 VB3-LDH 在 SCPs 中的防腐能力。

(2) VB3-LDH 在混凝土模拟孔溶液中的缓释-置换机制

系统研究了硫酸根离子共存、碳化等因素对 VB3-LDH 离子置换能力的影响,采用多种动力学模型模拟了离子置换过程,揭示了 VB3-LDH 在不同 pH、阴离子环境下的离子吸附和阻锈剂缓释机制;采用 XRD 及 FTIR 对离子交换前后 VB3-LDH 的结构及成分进行了分析,探明了 VB3-LDH 在复杂溶液环境中的腐蚀抑制机理。

(3) VB3-LDH 对水泥基材料水化、孔结构和力学性能的影响规律

研究了不同掺量下 VB3-LDH 对水泥基材料微观及力学性能的影响。利用 XRD、TG-DTG、水化热等手段研究了 VB3-LDH 对水泥基材料水化过程、水化产物的影响;采用压汞法、SEM 探明了 VB3-LDH 对水泥基材料孔结构变化特征的调控作用;建立了孔隙特征、力学性能与 VB3-LDH 掺量的关系;探明了 VB3-LDH 影响水泥基材料性能的机理。

(4) 在不同腐蚀情形下,VB3-LDH 对砂浆中钢筋的腐蚀抑制机制

针对单一氯化钠侵蚀及氯化钠-硫酸钠复合侵蚀,模拟使用海水海砂时混凝土内部含有氯离子以及海洋浪花飞溅区干湿循环两种氯盐污染模式,设计了内掺及干湿循环的侵蚀模式,研究了 VB3-LDH 以及 VB3 的腐蚀抑制行为;阐明了 VB3-LDH 与纯 VB3 阻锈效率的关系;研究了 VB3-LDH 对腐蚀过程中砂浆微观结构、离子存在的影响规律;揭示了 VB3-LDH 在复杂混凝土环境下的腐蚀抑制机制。

1.7.2 技术路线

技术路线图如图 1.13 所示。

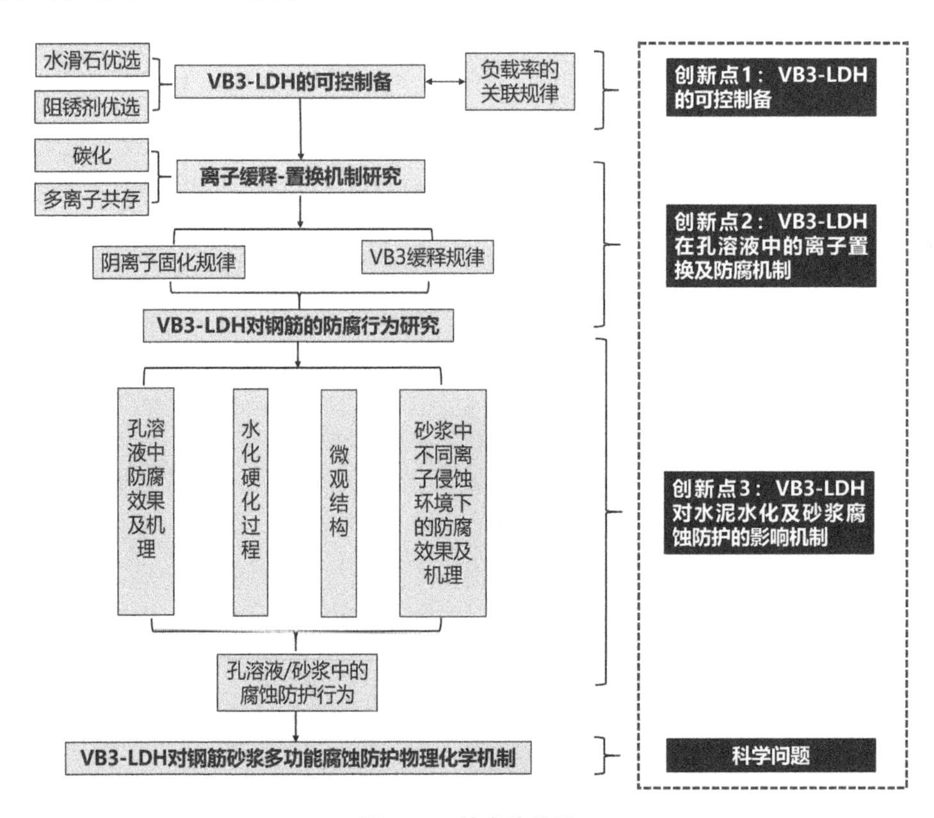

图 1.13　技术路线图

第二章　维生素 B3 插层水滑石(VB3-LDH)的制备及阻锈性能研究

2.1　引言

维生素 B3(vitamin B3,VB3)是一种绿色有机物,因其结构中具备羧基、氮元素等常见的阻锈成分,且能够在碱性环境下稳定存在,已被证实在混凝土环境中具备一定的阻锈效果[12, 162]。镁铝水滑石由于具备易获取、价格相对较低等优势,被选择作为插层用的水滑石。目前关于阻锈剂插层水滑石(INT-LDH)的制备方法,常见的有焙烧复原法、共沉淀法以及水热法等,其中焙烧复原法及共沉淀法最为常用,但目前对于不同 INT-LDH 的最佳制备方案无统一结论。此外,在关于焙烧复原法制备有机物插层水滑石的研究中,焙烧温度和搅拌时间在不同的研究中区别较大,且不同研究中的合成效果差异也较大。这主要是因为不同类型的有机分子插层进入水滑石层间的难度是大不相同的。目前关于阻锈剂与水滑石的结合机制、合成过程对阻锈剂分子以及水滑石物理化学性质的了解也较缺乏。

因此,本章中的工作就是采用不同合成方法及合成条件制备了维生素 B3 阻锈剂插层水滑石(VB3-LDH),采用 XRD、EDS-mapping、XPS、TG-DTG 等微观表征手段表征了负载率以及插层过程对 VB3 和 LDH 物理化学性能的影响,探究了 VB3-LDH 的插层机制,并从插层效率、合成复杂程度、实际使用价值等方面评估了共沉淀法和焙烧复原法的可行性。此外,本章还研究了 VB3-LDH 在 SCPs 溶液中对碳钢的腐蚀防护。

2.2　原材料与试验方法

2.2.1　原材料

焙烧复原法试验所用水滑石为购买于西格玛-奥德里奇(Sigma-Aldrich)的商用镁铝水

滑石[$Mg_4Al_2(OH)_{12}CO_3 \cdot 4H_2O$,下文中简称为$CO_3$-LDH];维生素B3(VB3)、$Ca(OH)_2$、NaCl、二乙烯三胺购买于国药集团化学试剂有限公司;环氧树脂E-44(6101)购买于山东德源环氧科技有限公司;Q235碳钢块购买于山东鑫盛钢材有限公司,钢块尺寸为1 cm×1 cm×1 cm,表2.1为碳钢的元素组成。

表2.1 碳钢的元素组成

元素	C	Si	Mn	P	S	Ni	Cu	Fe
质量分数/%	0.16	0.30	0.53	<0.045	<0.055	0.30	0.30	平衡

2.2.2 VB3-LDH的制备

(1) 共沉淀法

称取0.03 mol $Mg(NO_3)_2 \cdot 6H_2O$和0.01 mol $Mg(NO_3)_2 \cdot 9H_2O$溶解于35 mL去离子水中,配成混合盐溶液;配制0.075 mol NaOH和0.01 mol VB3的混合液140 mL,得到混合碱液。将盐溶液缓慢滴入碱溶液中,滴加过程持续1 h以上,pH维持在10.5左右,整个过程都处于剧烈搅拌状态。待体系pH稳定后,在常压下升高体系温度至80 ℃,陈化6 h。陈化结束后,用去离子水和无水乙醇将沉淀物洗涤至中性,60 ℃下烘24 h后制得合成产物。

(2) 焙烧复原法

将商用CO_3-LDH置于马弗炉中,分别在400℃、450℃、500℃、550℃下煅烧3 h,冷却至室温,得到焙烧LDH(CLDH)。然后配制500 mL浓度为0.25 mol/L VB3和0.25 mol/L NaOH的混合液,加入2 g CLDH到混合液中。在搅拌的过程中应用2 mol/L NaOH溶液滴加控制,使混合液的pH稳定在11左右,然后通氮气20 min,再将溶液密封。在50 ℃水浴下,分别搅拌15 h、24 h,搅拌完毕后过滤,用去离子水和无水乙醇将沉淀物洗涤至中性,然后在60 ℃下干燥以获得VB3-LDH。

2.2.3 VB3-LDH中VB3负载率测定

(1) 标准曲线绘制

本书采用紫外-可见分光光度计(UV-vis)对溶液中VB3浓度进行测试。将VB3添加到饱和氢氧化钙溶液中,并稀释至不同浓度(2~20 μg/mL),然后在200~400 nm范围内测试VB3的吸光度。根据不同浓度VB3在215 nm处吸光度值和浓度的关系,通过线性拟合获得标准曲线方程(图2.1)。

(2) 负载率测定

为了使VB3-LDH中的VB3完全释放,采用稀HCl溶液进行溶解。取0.5 g VB3-

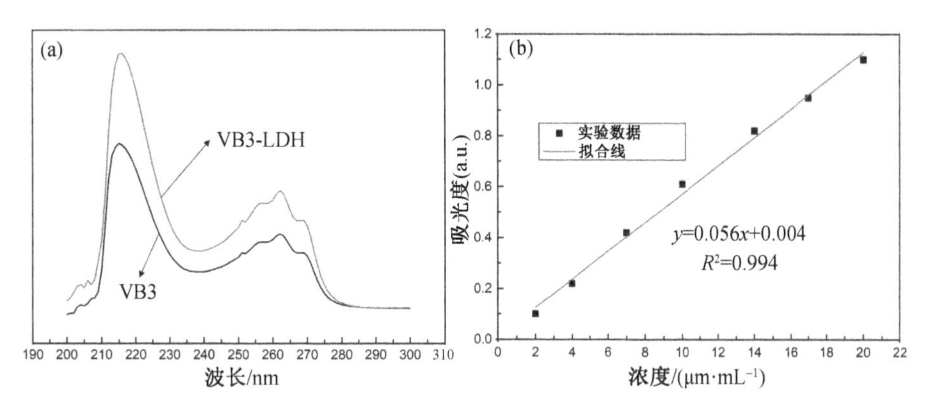

图 2.1 纯 VB3、VB3-LDH 释放的 VB3 的 UV-vis 吸收光谱和 UV-vis 吸收标准曲线

LDH 添加到 100 mL 1 mol/L 稀 HCl 溶液中,用紫外-可见分光光度计测定在 215 nm 处的吸光度值,对照标准曲线,得到 VB3 浓度,进而算出 VB3-LDH 中 VB3 的负载率。负载率(loading efficiency,LE)由式(2-1)进行计算:

$$LE = \frac{M_{\text{VB3}}}{M_{\text{VB3-LDH}}} \times 100\% \tag{2-1}$$

式中:M_{VB3} 是 LDH 中负载的维生素 B3 的质量;$M_{\text{VB3-LDH}}$ 是 VB3-LDH 的质量。

2.2.4 碳钢电极的制作

将碳钢块在无水乙醇中超声清洗 10 min,然后用无水乙醇冲洗,再重复一次上述过程,最后用吹风机快速吹干。将碳钢块与铜丝焊接在一起,再用环氧树脂浇筑成膜(固化剂二乙烯三胺质量为环氧树脂质量的 8%),固化 48 h。用 400~3 000 目砂纸逐级研磨至碳钢表面呈镜面,最后将制备好的碳钢电极放在干燥器中保存,等待防腐性能测试。

2.2.5 电化学实验

混凝土中钢筋的锈蚀本质上是一个电化学反应过程,阴极和阳极两个电极反应同时进行,并伴随着阴、阳极之间电荷的转移和电流的产生。因此,采用电化学技术探究阻锈剂对混凝土中钢筋锈蚀的抑制作用,进一步深入理解阻锈剂的阻锈机理,已成为钢筋混凝土腐蚀防护领域一个不可或缺的研究手段。评价钢筋混凝土腐蚀的电化学测试技术包括开路电位(open circuit potential,OCP)、电化学阻抗谱(electrochemical impedance spectroscopy,EIS)、线性极化、动电位极化、电化学噪声等。本书主要采用开路电位和电化学阻抗谱研究混凝土模拟孔溶液中各类阻锈剂对钢筋的阻锈作用与机理。

开路电位的变化趋势可以在一定程度上反映出电极表面状态的变化信息,是一种研究阻锈剂对钢筋表面状态影响规律的常见手段。电化学阻抗谱是通过施加一个 5~10 mV 的微小扰动信号，观测电极表面响应信号，并对所得到的谱图进行等效电路拟合，通过对 EIS 图谱及电化学掺量变化对体系的电化学信息进行分析的一种方法。EIS 由于施加的电位较低，对测试样品表面影响非常小，属于一种无损检测技术，在涂层性能评价、阻锈剂性能研究等领域中得到广泛应用[87, 163, 164]。

真实的混凝土环境中成分复杂，很多学者在研究钢筋混凝土中钢筋的腐蚀问题时，会采用在混凝土模拟孔溶液(SCPs)中对其进行研究。这样做的好处有：一是研究过程中能减少其他复杂成分带来的不可控干扰，更加精准地评估碱性环境下钢筋的锈蚀机理；二是降低实验的复杂程度，缩短实验周期。

包含氯离子的混凝土模拟孔溶液(SCPs)的成分为饱和 $Ca(OH)_2$，本章所使用的 SCPs 都包含质量分数为 3.5%的 NaCl。分别设置包含和不包含 VB3-LDH 的 SCPs 溶液，VB3-LDH 的浓度为 15 g/L，溶液的 pH 为 12.6。采用开路电位(OCP)和电化学阻抗谱(EIS)来定性和定量地研究 VB3-LDH 的腐蚀抑制能力。选择传统的三电极系统，铂电极作为对电极，饱和甘汞电极作为参比电极，浸泡中的碳钢电极为工作电极。测试温度为 20℃。电化学测试由 Autolab PGSTAT302N 工作站进行，电化学数据由 ZsimpWin 软件进行拟合。阻锈效率的计算公式如式(2-2)所示：

$$\eta=\frac{R_{ct}-R_{ct}^{0}}{R_{ct}}\times 100\% \tag{2-2}$$

式中：R_{ct} 和 R_{ct}^{0} 分别是在 SCPs 中包含和不包含 VB3-LDH 的电极的电荷转移电阻。

2.2.6 微观形貌及成分表征

水滑石形貌分别用扫描电子显微镜(SEM)、透射电子显微镜(TEM)进行测试，测试时把水滑石粉末超声分散在酒精中，然后滴在薄片上，干燥后进行喷金处理。SEM 和 TEM 所用设备分别为 Hitachi Regulus 8100 扫描电子显微镜和 Hitachi HT7700 透射电子显微镜(TEM 加速电压为 100 kV)，利用 EDS-mapping 对水滑石元素分布进行了表征。

采用 XRD、FTIR、XPS 对水滑石的组成进行分析。XRD 测试仪器为 Rigaku Ultima Ⅳ X 射线衍射仪，附带在 5°～90°的 Cu Kα 放射。FTIR 谱是由 KBr 压片收集样品用 Thermo Scientific Nicolet iS10 傅里叶变换红外光谱仪测出，测试范围是 400～4 000 cm^{-1}。XPS 由 Thermo Scientific K-Alpha^{+} X 射线光电子能谱仪系统进行测试。激发源为 Al Kα 微聚焦单色源，束斑 30～400 μm 连续可调，步长为 5 μm。扫描模式为 CAE。全谱扫描：通能为 100 eV，步长为 1 eV；窄谱扫描：通能为 30～50 eV，步长为 0.05～0.1 eV。

采用 TG-DTG 对维生素插层前后的水滑石进行了热分析。TG-DTG 由 NETZSCH STA449F3 同步热分析仪进行测试，测试温度范围是 30～790℃，升温速率为 10℃/min，测试气氛为氮气。

2.3　结果与讨论

2.3.1　共沉淀法制备 VB3-LDH

从图 2.2 的 SEM 图像中可以看出，通过共沉淀法可以合成出典型的片层状材料，这符合水滑石的特征，可以基本判断成功制备出镁铝水滑石(Mg-Al-LDH)。但 VB3 离子是否成功插层到水滑石层间，还需要进一步进行成分及结构分析。

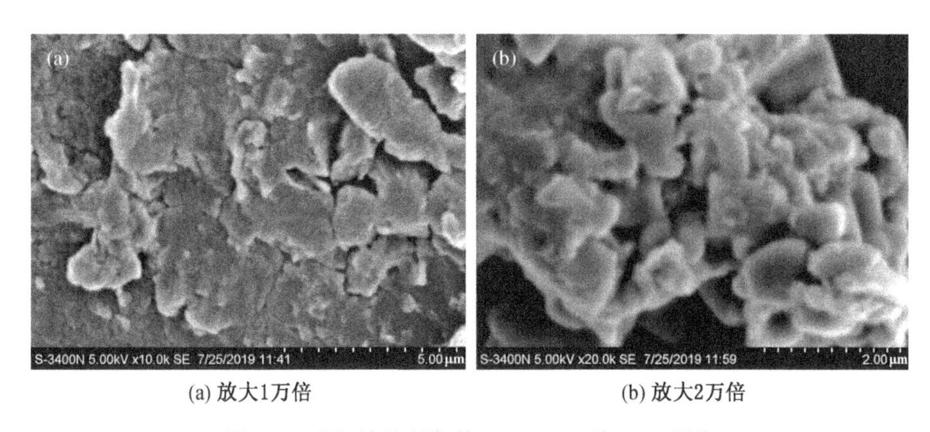

(a) 放大1万倍　　(b) 放大2万倍

图 2.2　共沉淀法制备的 VB3-LDH 的 SEM 图像

图 2.3 为共沉淀法制备的 VB3-LDH 的 FTIR 图谱，可以看出，1 370 cm^{-1} 附近可能是 NO_3^- 或 CO_3^{2-} 的反对称伸缩振动峰，进一步确定需结合 XRD 结果来分析。750 cm^{-1} 和 500 cm^{-1} 之间为 Mg—O 和 Al—O 的特征峰，550 cm^{-1} 和 1 600 cm^{-1} 处为 C═C 双键，在 1 400～900 cm^{-1} 之间，具有 N—H、C—N 的一系列振动峰。上述特征峰的出现说明水滑石上包含一些 VB3，但是 VB3 是被水滑石表面吸附还是成功插入水滑石层间需通过 XRD 进一步确定。

图 2.4 为采用共沉淀法制备得到的产物的 XRD 图谱，可以看出，合成产物呈现了典型的(003)、(006)和(009)特征峰，这说明通过共沉淀法成功制备得到了 LDH。(003)峰的位置为 $2\theta=10.46°$，利用布拉格公式[142]可以计算出此时的晶面间距为 0.84 nm，减去层板厚度可得层间距为 0.36 nm。根据文献报道[142]，此层间距下制备的水滑石类型为 LDH-NO_3。这说明 VB3 分子未成功插层进入 LDH 层间。因此，采用共沉淀法未能成功制备 VB3 - LDH。

对于 VB3 未能成功插层进入 LDH 的情况，实际上未能成功制备出 VB3-LDH，也难以通过离子交换作用吸附侵蚀性离子。但是 LDH 也会通过分子间作用力和静电作用吸附一部分 VB3。为了易于表述和理解，无论是插层进入 LDH 层间，还是吸附作用吸附在 LDH

表面的 VB3 的含量，我们统一用负载率的概念进行计算。通过 UV-vis 测试可知此时 LDH 对于 VB3 的负载率为 7%（质量分数，以下含量未作说明时，均为质量分数）。

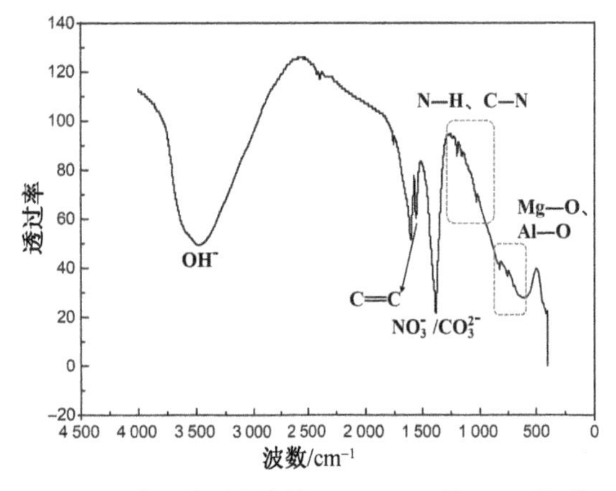

图 2.3　共沉淀法制备的 VB3-LDH 的 FTIR 图谱

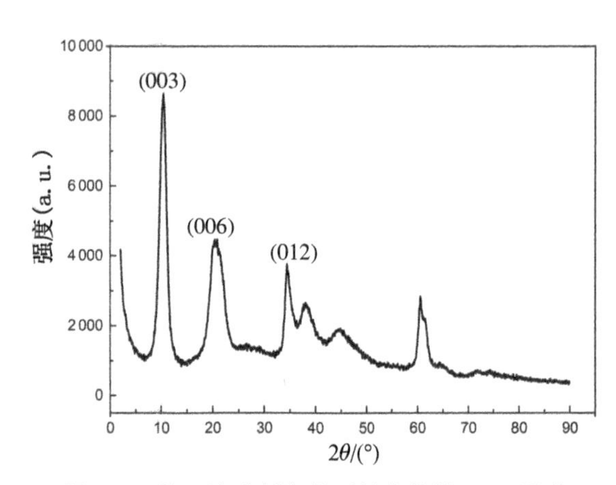

图 2.4　共沉淀法制备得到的产物的 XRD 图谱

2.3.2　焙烧复原法制备 VB3-LDH

图 2.5 为商用 CO_3-LDH、焙烧水滑石（CLDH）以及通过焙烧复原法制备得到的 VB3-LDH 在水中的溶解情况。可以看出，CO_3-LDH 与水出现明显的分离现象，说明 CO_3-LDH 几乎不溶于水，这主要是由于 CO_3-LDH 的表面能较低。这也表明，直接将 CO_3-LDH 掺入混凝土中是不适合的，因为与水几乎不相溶的特性可能导致它在混凝土的拌和过程中难以分散开。而对 CLDH 和 VB3-LDH 则呈现出较好的溶解性，这主要是因为经过高温焙烧处理后，水滑石层板坍塌，吸水性增强。此外，焙烧过程致使水滑石层间的阴离子及水分热解，将会使水滑石表面能增大，进而提升其与水的亲和性。从在水中的分散性来看，CLDH 和 VB3-LDH 的应用潜力要明显大于 CO_3-LDH。

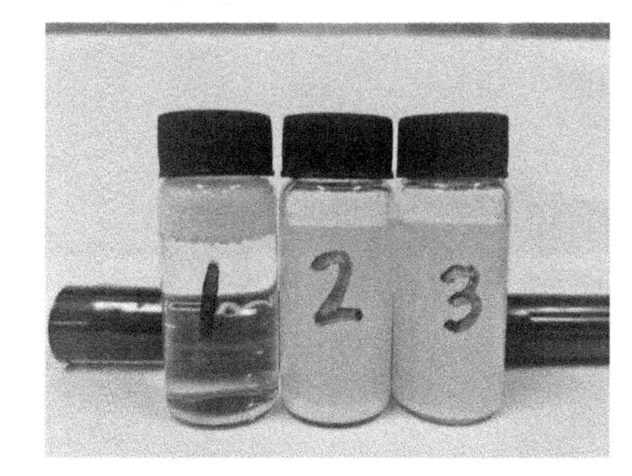

图 2.5　（1）CO_3-LDH、（2）CLDH 和（3）VB3-LDH 在去离子水中的分散性

图 2.6 为商用 CO_3-LDH 的 XRD 图谱。可以看出，该物质呈现出典型的水滑石特征，出现了水滑石常见的（003）、（006）和（009）晶面的特征衍射峰[165-167]。根据（003）峰的位置 $2\theta=11.35°$，利用布拉格公式计算晶面间距是 0.78 nm，这符合 CO_3-LDH 的特征[168]。XRD 峰的晶型良好，说明该水滑石纯度高，无杂质。

在关于焙烧复原法的已有报道中，针对不同的层间离子及水滑石种类，所采用的合成条件存在较大区别，负载率的差异也较明显。因此，针对特定的有机分子插层水滑石的制备，要想获得理想的插层效果，需要探索其最佳的合成参数。因此，本章研究了焙烧温度、水浴时间等因素对 VB3 插层水滑石制备的影响。

(1) 焙烧温度:400℃

图 2.7 为在焙烧温度为 400℃的情况下,焙烧水滑石(CLDH)和复原后水滑石的 XRD 图。从图 2.7(a)可以看出,经历 400℃焙烧 3 h 后,水滑石原有的(003)、(006)特征峰消失,而形成了金属氧化物的特征峰。这说明经过 400℃的焙烧后,水滑石原有的层状结构坍塌,形成焙烧水滑石(CLDH)。

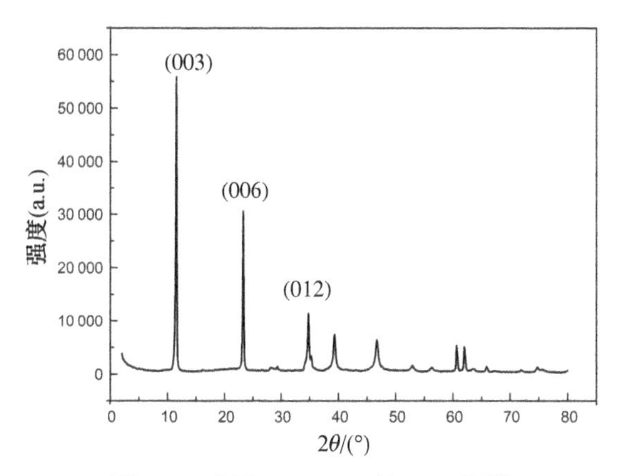

图 2.6　商用 CO_3-LDH 的 XRD 图谱

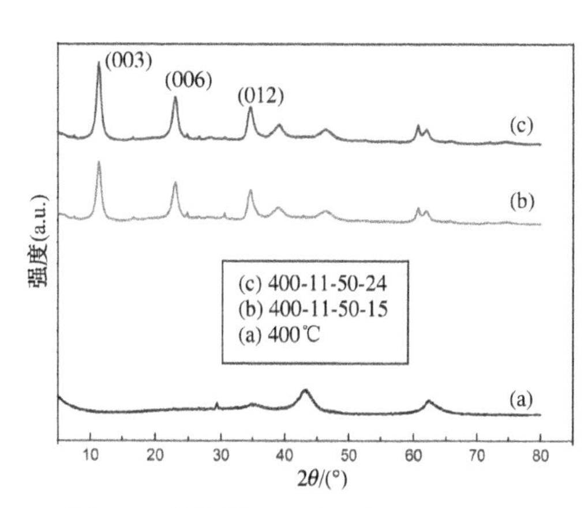

图 2.7　焙烧温度 400℃时,(a) CLDH 和 (b,c) VB3-LDH 的 XRD 图谱

从水浴 15 h 和 24 h 后制备产物的 XRD 图谱[图 2.7(b,c)]可以看出,经过在碱性有机溶液中处理后,焙烧水滑石的 XRD 图谱恢复了水滑石原有的特征峰,说明焙烧水滑石恢复了原有的层状结构。VB3 分子是否成功插层进入水滑石层间,可通过 XRD 特征峰的位置判断。若阻锈剂分子已插层进入水滑石层间,由于分子尺寸相对较大,会使层间距扩大,表现在 XRD 结果上,就是一级衍射峰向小角度偏移[142]。但是恢复后的水滑石(003)峰的位置仍然在 $2\theta=11.35°$处,计算晶面间距仍然是 0.78 nm,说明水滑石层间插层的是碳酸根离子。这表明在焙烧温度为 400℃,水浴时间为 15 h 或者 24 h 的合成条件下,VB3 阻锈剂未能被成功插层进入水滑石层间,未成功制备出 VB3-LDH。通过 UV-vis 测试可知,在 15 h 和 24 h 水浴处理后 LDH 表面吸附的 VB3 分别为 6.3%和 7.4%。

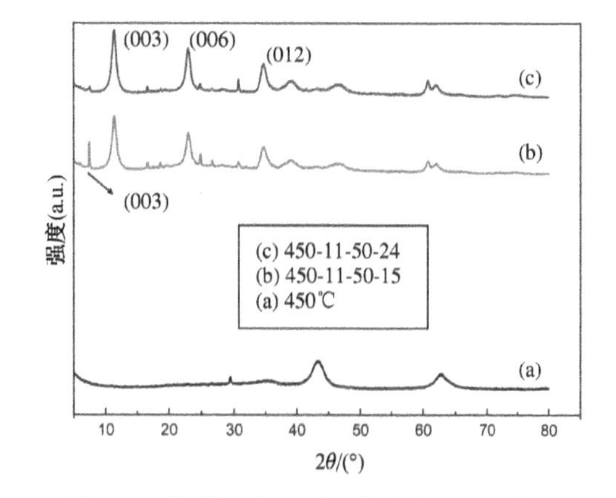

图 2.8　焙烧温度 450℃时,(a) CLDH 及 (b,c) VB3-LDH 的 XRD 图谱

(2) 焙烧温度:450℃

图 2.8 为 450℃焙烧后,CLDH 以及在溶液中复原后水滑石的 XRD 图。对于焙烧试样

[图 2.8(a)],其 XRD 图谱与 400℃时相似,焙烧后原有的层状结构坍塌,形成了金属氧化物。在 450℃,15 h 的搅拌时间下[图 2.8(b)],复原后的水滑石在 $2\theta=7.46°$处分解出一个(003)峰,通过布拉格公式可以计算出对应的晶面间距是 1.18 nm。减去水滑石层板的层厚度(约 0.48 nm[169]),可计算层间距为 0.7 nm(CO_3-LDH 为 0.3 nm),这说明 VB3 分子被成功插入水滑石层间,即成功制备出 VB3-LDH。由 Materials Studio 软件计算的去质子化 VB3 分子的直径为 0.61 nm,略小于此处 VB3-LDH 的层间距,说明 VB3 分子几乎以纵向方向嵌入水滑石层中(图 2.9)。通过 UV-vis 测试可知,此时 VB3-LDH 中 VB3 的负载率达到了 24.4%。此外,在图 2.8(b)中,在 11.35°处仍有一个(003)特征峰,这是由于 CO_3^{2-} 不可避免地进入水滑石层。而令人意外的是,在搅拌 24 h 的试样中[图 2.8(c)],在 $2\theta=7.46°$处未出现明显的(003)特征峰,说明搅拌时间过长也可能致使 VB3 插层失败,此时 LDH 对于 VB3 的负载率为 14.7%。

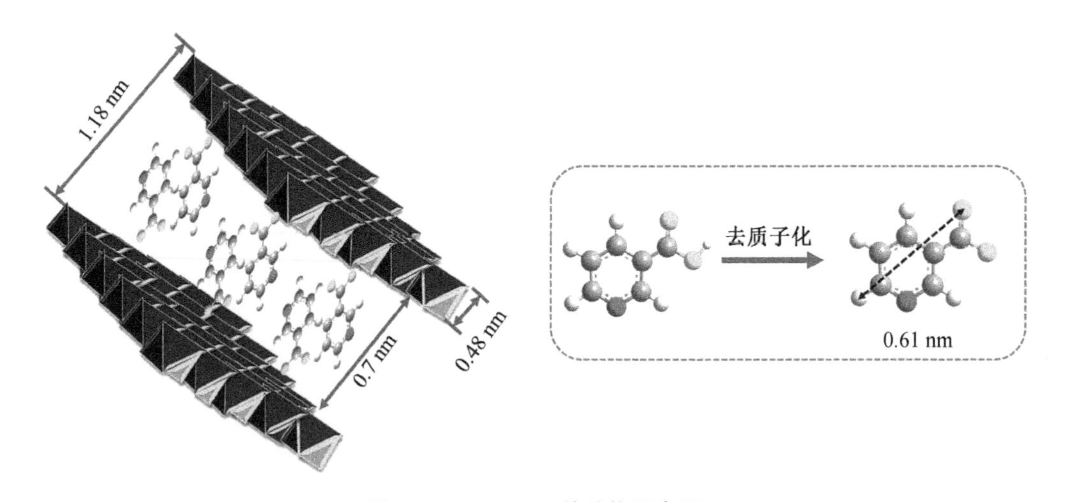

图 2.9　VB3-LDH 的结构示意图

(3) 焙烧温度:500℃、550℃

从图 2.10、图 2.11 的 XRD 结果可以看出,500℃及 550℃的焙烧温度下,水滑石焙烧的产物都是金属氧化物。但在这两个焙烧温度下,恢复后的水滑石(003)峰都位于 $2\theta=11.35°$处,并未出现偏移的现象,证明 VB3 未被成功插层进入水滑石层间。在这两种焙烧温度处理后,LDH 对于 VB3 的负载率都在 10%以下。

对比共沉淀法和焙烧复原法,结合 VB3 的插层效果、负载率,以及合成过程的稳定性、操作简便性等特点发现,焙烧复原法更加适合大批量制备 VB3-LDH,以适应在混凝土工程中应用的需求。

综合分析不同焙烧温度、不同搅拌时间下的 VB3 插层效果,可以看出,焙烧复原过程中的合成参数对 VB3 插层的效果影响较大,只有在焙烧温度为 450 ℃、溶液 pH 为 11、水浴温度为 50 ℃、水浴时间为 15 h(以下简写为 450-11-50-15)的插层条件下,才能制得理想的

VB3-LDH,且负载率也达到最大,为24.4%。当温度过高时,可能对LDH造成一定程度上的不可逆破坏,因而影响VB3插入层间的难度。而当焙烧温度过低时,水滑石表面能未被充分激发。研究结果还表明,复原过程中的水浴时间对插层效果的影响也很大,这可能是因为搅拌时间过短,层板不足以被撑大,而搅拌时间过长,则有可能使已经被插层的离子又被重新置换。可以看出,制备过程中的实验参数对于具体合成效果的影响机制是一个复杂的问题。针对不同的阻锈剂以及水滑石,需要多做探索才可能达到理想的插层效果。

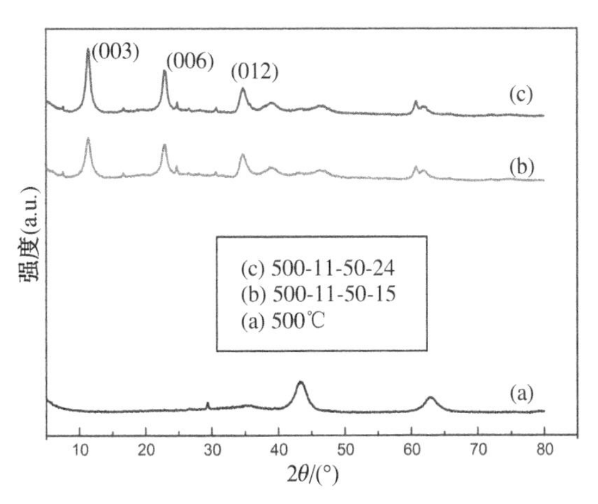

图2.10　焙烧温度500℃时,(a) CLDH及(b,c) VB3-LDH的XRD图谱

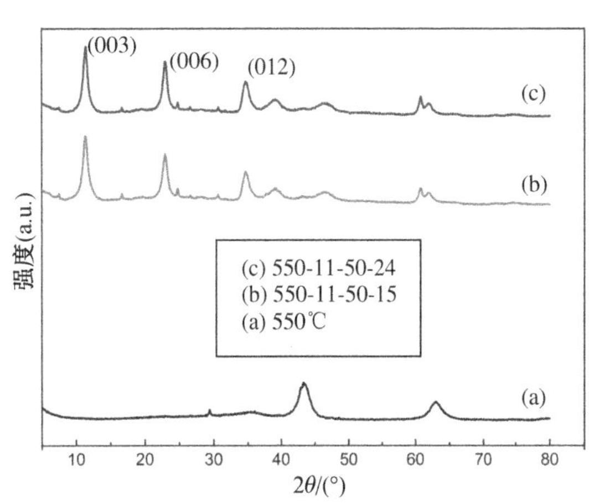

图2.11　焙烧温度550℃时,(a) CLDH以及(b,c) VB3-LDH的XRD图谱

2.3.3　VB3-LDH的形貌与化学组成

图2.12(a)～(f)表示了CO_3-LDH、CLDH和VB3-LDH的SEM图像,其中CLDH和VB3-LDH都是在上文中最佳合成参数下制备得到(制备方法为焙烧复原法,合成参数为450-11-50-15)。三种类型的LDH表现出独特的分层结构,并且彼此堆叠,这是LDH的典型结构[28, 158]。焙烧后水滑石的形态与原始的CO_3-LDH相似,这说明焙烧后虽然层间阴离子发生热分解导致层板结构坍塌,但仍然保持片状结构。VB3-LDH比CO_3-LDH和CLDH更薄,分散更加均匀,且复原后能观察到经典的六边形形状,这是由于插层后LDH具有更好的分散性。图2.13为VB3-LDH的EDS-mapping图谱,Mg、Al和O元素都来自LDH。此外,LDH包含均匀分散的N元素,这是来自插层在水滑石层板间的VB3。

图2.14展示了CO_3-LDH、CLDH和VB3-LDH的TEM图像。CO_3-LDH展现出经典的层状结构,具有光滑的表面和多层堆叠的特征。煅烧后LDH的尺寸减小并且整体变得粗糙,这将使水滑石更亲水,进而更有利于VB3的嵌入。VB3-LDH的厚度明显比CO_3-LDH和CLDH更薄,这与SEM的结果一致。

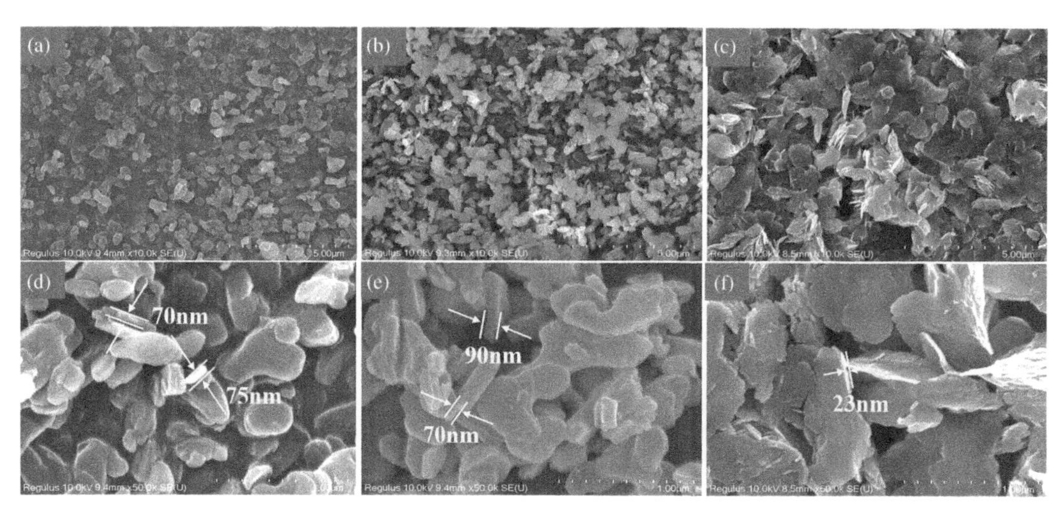

图 2.12 (a,d) CO_3-LDH、(b,e) CLDH 和(c,f) VB3-LDH 的 SEM 图像(放大倍数:×10 000,×50 000)

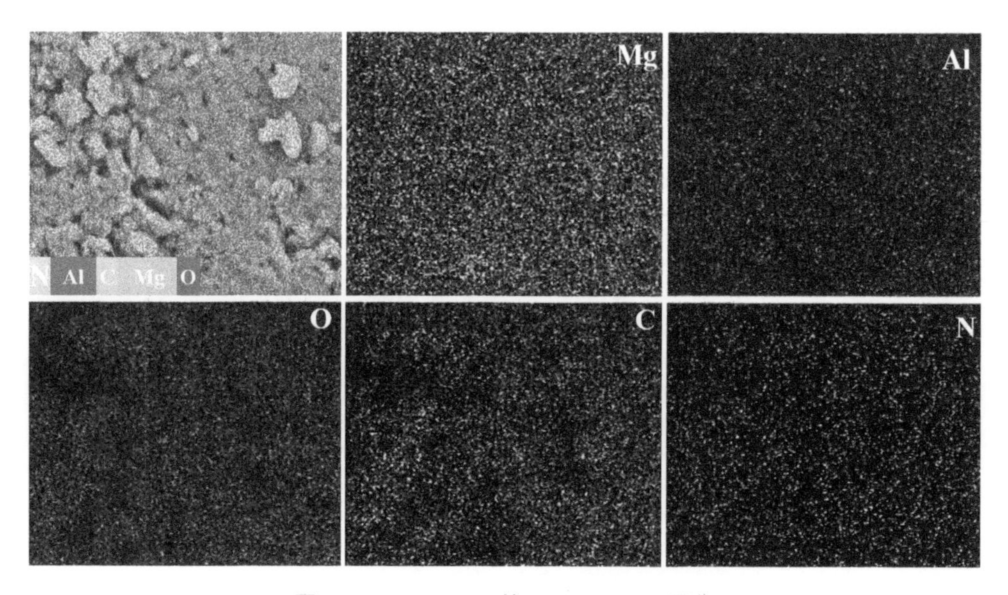

图 2.13 VB3-LDH 的 EDS-mapping 图谱

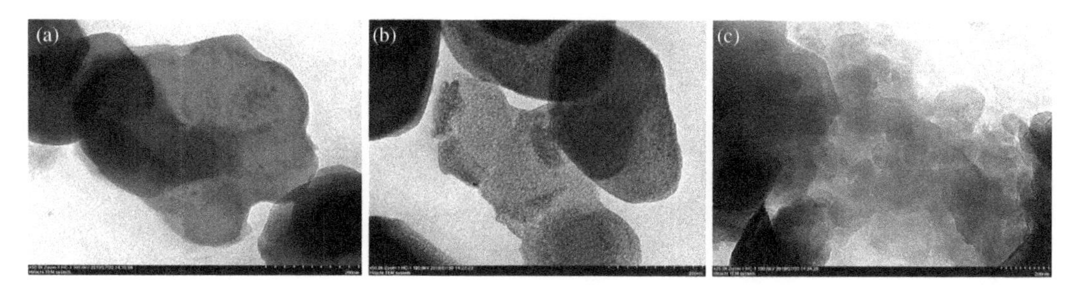

图 2.14 (a) CO_3-LDH(×50 000)、(b) CLDH(×50 000)、(c) VB3-LDH(×25 000)的 TEM 图像

图 2.15(a)是纯 VB3、CO_3-LDH、CLDH 和 VB3-LDH 的红外图谱，对于这三种 LDH，在 3 454 cm^{-1} 和 1 600 cm^{-1} 处分别是 O—H 的伸缩振动峰，这主要来自水滑石层间的水和 O—H 基。在 1 600 cm^{-1} 处出现的是羟基的弯曲振动峰，3 454 cm^{-1} 是水滑石中物理吸附水及层板、层间水分子的羟基振动峰。1 370 cm^{-1} 附近是 CO_3^{2-} 的反对称伸缩振动峰，这主要来自层板间的 CO_3^{2-} 以及部分空气中的 CO_2。800 cm^{-1} 和 400 cm^{-1} 之间为 Mg—O 和 Al—O 的特征峰。在 VB3-LDH 的 FTIR 图谱的局部放大图中[图 2.15(b)]，1 559 cm^{-1} 处为 C═C 双键，在 1 400～900 cm^{-1} 之间，具有 N—H、C—N 的一系列振动峰，这些峰来自 VB3 分子，从而印证了 XRD 数据中的结论[164, 170]。

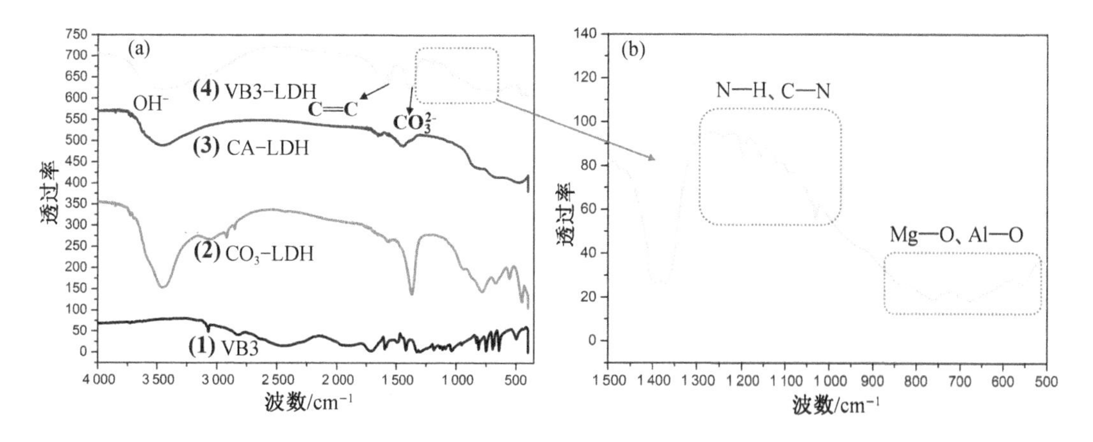

图 2.15　(a) FTIR 图谱和(b) 在 500～1 500 cm^{-1} 的局部放大图

图 2.16 为 VB3-LDH 和 CO_3-LDH 的高分辨率 XPS 图谱。可以看出，在 1 303.4 eV 和 74.2 eV 分别出现了 Mg_{1s}、Al_{2p} 特征峰，这分别是由 Mg—O 和 Al—O 引起的。插层 VB3 前后的水滑石 Mg_{1s}、Al_{2p} 特征峰并没有出现明显改变，说明采用焙烧复原法对水滑石进行 VB3 插层没有破坏水滑石的结构。对于 N_{1s}，CO_3-LDH 没有出现明显的特征峰，而 VB3-LDH 可以在 399 eV 和 399.8 eV 处分解出两个特征峰，分别对应于 N—C 和 N═C 的特征峰，这来自插层在水滑石层板间的 VB3[171-172]。通过以上的 XRD、FTIR 和 XPS 分析结果可以认定，VB3 分子被成功插层进入 CO_3-LDH。

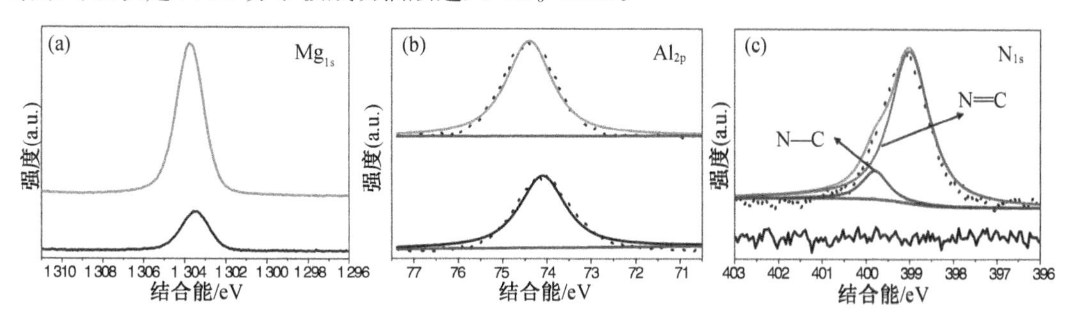

图 2.16　VB3-LDH(上方)和 CO_3-LDH(下方)的高分辨率 XPS 图谱：(a) Mg_{1s}；(b) Al_{2p}；(c) N_{1s}

2.3.4 VB3-LDH 的热稳定性

图 2.17 分别为 CO_3-LDH 和 VB3-LDH 的热重(TG-DTG)曲线。从图 2.17(a)的 TG 曲线可以看出,CO_3-LDH 的失重主要分为两个阶段,对应的 DTG 的峰值分别在 226.8 ℃和 430.0 ℃处。第一个失重阶段是 LDH 表面和层间水的去除,失重量为 15.79%[173]。第二个失重阶段则是水滑石的脱羟基作用和层间碳酸根离子的去除,失重量为 34.21%[105, 136]。而从图 2.17(b)的 VB3-LDH 的 TG 曲线可以看出,VB3-LDH 的失重主要分为三个阶段,对应的 DTG 曲线在 131.0 ℃、343.9 ℃和 510.0 ℃处分别出现尖锐且完整的三个峰。第一阶段主要为表面和层间水的去除,失重量与 CO_3-LDH 相似,为 15.93%。可以看出第一个峰值温度明显降低,这说明有机阴离子的插入降低了层间水和水滑石层间的分子间作用力。第二和第三阶段主要是层板脱羟基作用、层间阴离子和插层进入层板间的 VB3 分解。由于插层进入层板间的 VB3 受到更大的分子间作用力,因而提高了分解温度。相比 CO_3-LDH,VB3 - LDH 的 TG 曲线在 400~480 ℃多出了 1 个平台,且最后一个阶段的 DTG 峰值出现的温度提高了 80 ℃。这说明 VB3 插层后,水滑石在这一温度范围内的热稳定性得到提高,这可能是由于 LDH 与水滑石之间存在相互作用力。结合上述的 XRD 及 XPS 分析结果,VB3 与 LDH 结合主要依靠氢键和分子间作用力。

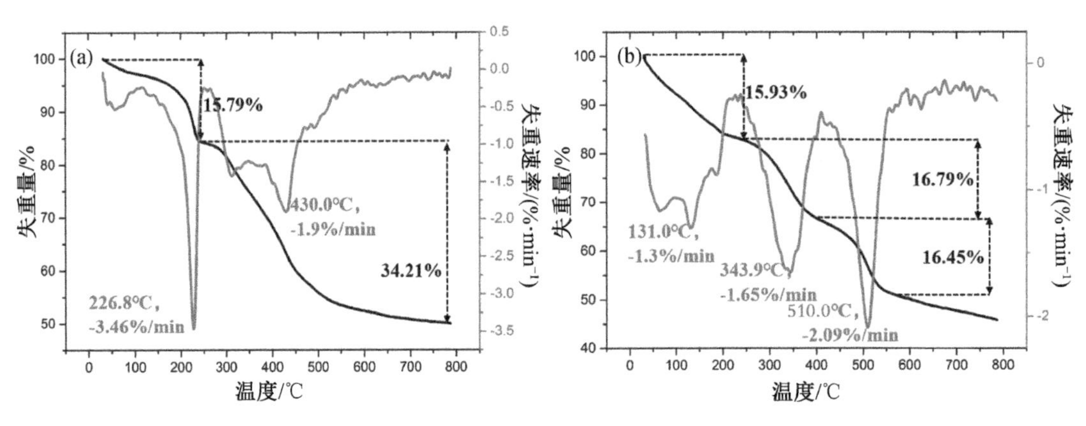

图 2.17 (a) CO_3-LDH 和(b) VB3-LDH 的热重(TG-DTG)曲线

2.3.5 VB3-LDH 的腐蚀防护性能

(1) 开路电位

开路电位可以给我们提供电极表面变化情况的敏感信息,对于研究阻锈剂对碳钢表面状态的影响是一种有效的手段[174-175]。图 2.18 为 353 h 内浸没在包含和未包含 VB3-LDH 的 SCPs 溶液中碳钢电极的 OCP 值。在未添加 VB3-LDH 的试样中,OCP 值在前 12 h 改变幅度较小,在 12~24 h 出现正向移动,这主要是由于在混凝土环境中钢筋表面形成了钝化膜[176]。在24～353 h,未添加VB3-LDH试样的OCP值持续下降,表面钝化膜难以稳定存在。在经历353 h后,OCP值降至−0.475 V,说明钢筋可能形成了点蚀。VB3-LDH的OCP值明显高于空白样,在前24 h,VB3-LDH的OCP值保持正向移动,这是因为钝化膜的形成。在24～168 h,OCP值相对稳定,在−0.37 V左右波动。这主要是由于阻锈剂吸附在钢筋表面,与氯离子产生了竞争吸附,使钝化膜的形成和稳定存在得到保护[174,177-178]。值得注意的是,由于在碱性环境中形成了钝化膜,不能简单地从OCP值的移动方向判断阻锈剂属于阳极型还是阴极型。总的来说,根据OCP值的变化趋势,可以粗略判断VB3-LDH在混凝土模拟液中具有明显的腐蚀抑制效果。

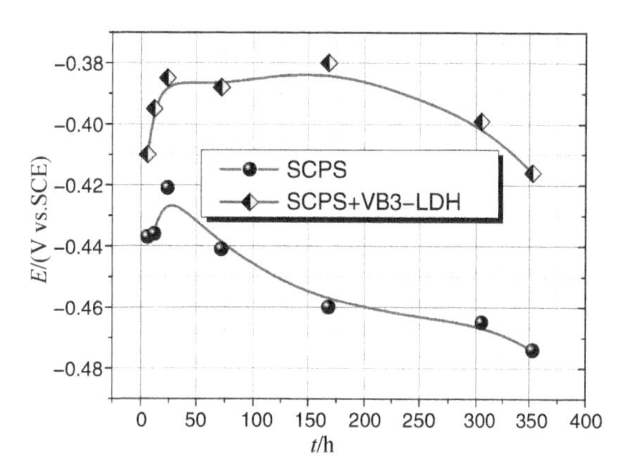

图2.18 353 h内浸没在包含和未包含VB3-LDH的SCPs溶液中碳钢电极的OCP值

(2) 电化学阻抗谱

图2.19为353 h内浸没在SCPs溶液中Q235碳钢电极的EIS图。在前24 h,容抗弧直径明显大于后续浸泡时期[图2.19(a)],这表明电极在前24 h开始钝化。容抗弧直径在12 h达到最大,此后伴随着浸没时间的延长,容抗弧直径逐渐减小,对应的图2.19(b)中的相位角和模值也在12 h开始下降。上述现象表明,在氯离子侵蚀的模拟混凝土环境中,即使形成钝化膜也难维持稳定[179]。

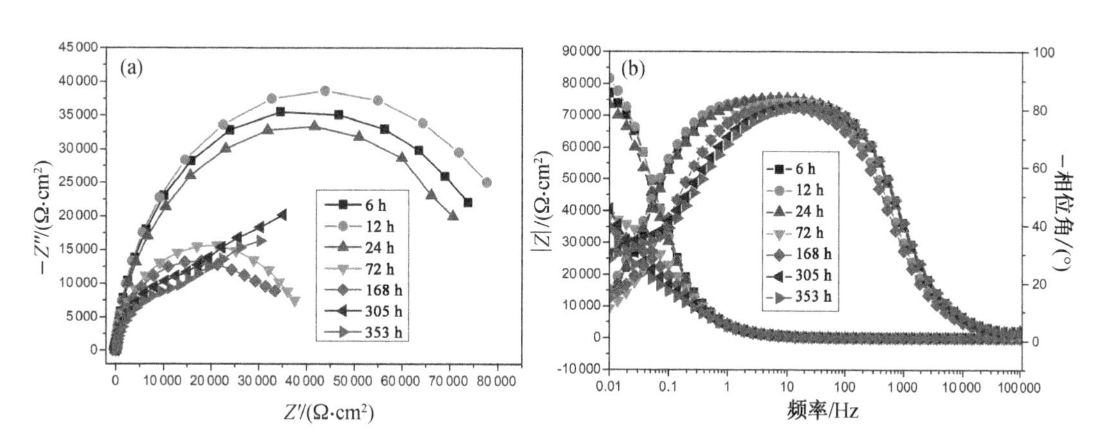

图2.19 353 h内浸没在SCPs溶液中Q235碳钢电极的(a) Nyquist和(b) Bode图

图2.20为353 h内浸没在包含VB3-LDH的SCPs溶液中碳钢电极的EIS图。不同浸没时间下的容抗弧直径明显大于空白样,这说明VB3-LDH在模拟混凝土环境中具有明显的腐蚀抑制作用。浸泡24 h后,VB3-LDH的容抗弧直径、相位角和模值都达到最

大值，且在 72 h后，容抗弧直径仍有增加(对应的，未添加 VB3-LDH 的试样的容抗弧直径在 12 h 后就开始持续下降)。这说明 VB3-LDH 可以有效延迟混凝土模拟液中 Q235 碳钢的腐蚀。

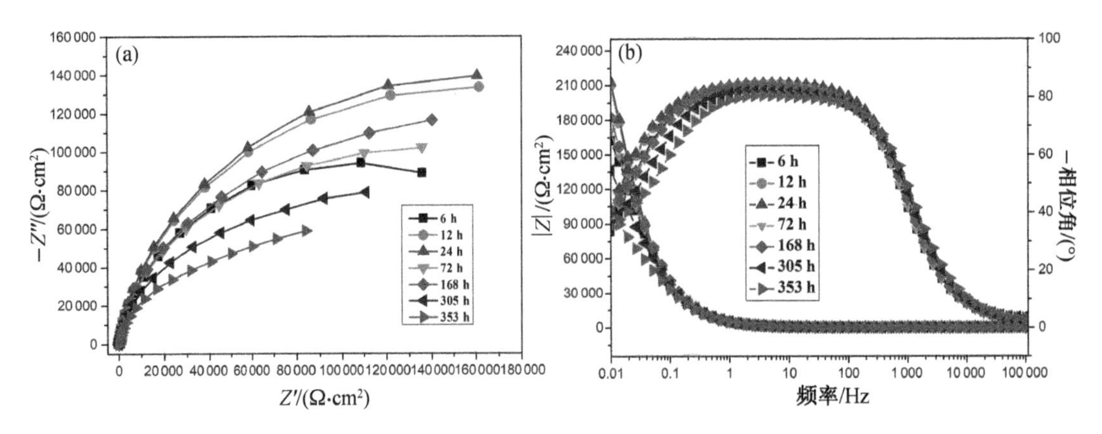

图 2.20　353 h 内浸没在包含 VB3-LDH 的 SCPs 溶液中碳钢电极的(a) Nyquist 和(b) Bode 图

从图 2.19 和图 2.20 可知，包含和未包含 VB3-LDH 的 EIS 图都只包含一个时间常数。容抗弧在前 24 h 表现出一个完整的容抗弧，浸泡 72 h 后出现了扩散现象。因此，基于上述实验分析以及对不同电路进行的尝试，最终决定前 24 h 的 EIS 数据采用 $R(QR)$ 电路进行拟合[图 2.21(a)]，72～353 h 的拟合电路采用 $R(Q(RW))$[图 2.21(b)]。每个元件的物理意义如下：R_s 代表溶液电阻，R_{ct} 代表电荷转移电阻，CPE_{dl} 代表双电层电容，图 2.21(b)中的 W 元件是 Warburg 阻抗[180-181]。拟合数据在表 2.2 中。

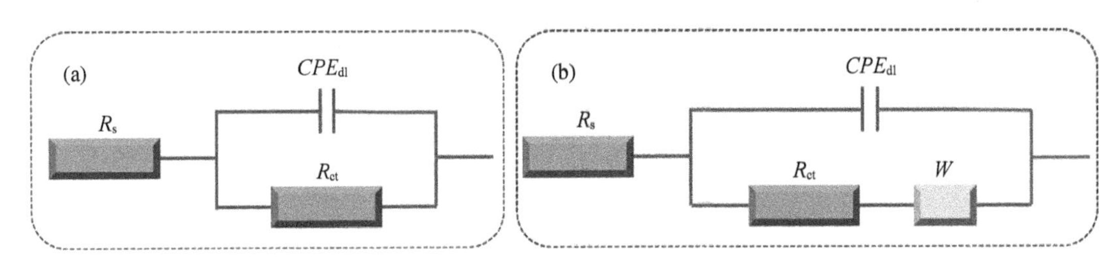

图 2.21　用于拟合 EIS 数据的拟合电路

从表 2.2 中的拟合参数可知，空白试样在整个浸泡期间的 R_{ct} 值小于 100 000 Ω·cm²。在浸泡 12 h 后，R_{ct} 值持续减小，并且在 24～72 h 的下降幅度最大(降幅 55.89%)，这可能是由于电极的钝化受氯离子的干扰。对于包含 VB3-LDH 的试样，前 24 h 的 R_{ct} 值持续增加，最大达到近 300 000 Ω·cm²。这可能归因于以下几方面的作用：一是由于从 LDH 中释放的 VB3 与氯离子产生竞争吸附，这有利于钝化膜的形成和稳定存在；二是由于阴离子交换特性，VB3-LDH 在释放阻锈剂的同时捕获氯离子[28, 31, 110]；三是因为 VB3-LDH 的缓释作用可能提升了 VB3 的成膜质量，据文献报道，金属有机骨架(MOF)[182]、沸石[102]等载体负载阻锈剂能通过缓慢释放作用，使阻锈剂分子在金属表面更加均匀有序地成膜，提高膜层的致密性及均匀性，进而提升其阻锈能力，而 VB3-LDH 的释放特征与MOF、沸石类似(VB3-LDH 的释放动力学见本书 3.3.5 节)，因此也具备提高成膜质量的性能。VB3-LDH 的 R_{ct} 值在 72～168 h 达到稳定，并且没有像同时期的空白样那样大幅度下降。这表明 VB3-LDH 不仅仅降低了碳钢的腐蚀速率，也加强了其持续抵御氯离子侵蚀的稳定性。采用式(2-2)计算可知，VB3-LDH 的最大阻锈效率是 86.5%，并且两周内的阻锈效率都维持在 80%以上。这表明 VB3-LDH 可以在模拟混凝土环境中提供良好的阻锈效果。

表 2.2　不同浸泡时间下包含和不包含 VB3-LDH 的 SCPs 中电极的 EIS 数据拟合结果

溶液	t/h	R_s /(Ω·cm²)	R_{ct} /(Ω·cm²)	SDR_{ct}	$Y_{o,dl}$ /(Ω⁻¹·sⁿ·cm⁻²)	n_{dl}	W /(Ω⁻¹·sⁿ·cm⁻²)	η /%
SCPs	6	6.67	77 960	2.22	4.14×10^{-5}	0.94	—	—
	12	8.79	87 500	1.44	4.43×10^{-5}	0.93	—	—
	24	6.92	75 350	1.36	4.32×10^{-5}	0.94	—	—
	72	6.96	33 240	1.51	4.15×10^{-5}	0.94	5.32×10^{-4}	—
	168	9.75	28 710	1.66	4.95×10^{-5}	0.92	4.75×10^{-4}	—
	305	7.17	16 330	2.81	4.29×10^{-5}	0.93	1.4×10^{-4}	—
	353	6.98	13 660	2.77	4.38×10^{-5}	0.92	1.66×10^{-4}	—
VB3-LDH + SCPs	6	6.85	203 700	1.67	4.07×10^{-5}	0.93	—	61.73
	12	6.11	283 000	2.0	3.87×10^{-5}	0.94	—	69.08
	24	5.66	294 400	2.15	3.83×10^{-5}	0.94	—	74.4
	72	7.22	170 200	2.97	3.71×10^{-5}	0.94	6.76×10^{-5}	80.47
	168	6.9	188 100	2.83	3.61×10^{-5}	0.94	5.8×10^{-5}	84.74
	305	6.91	121 000	2.37	3.71×10^{-5}	0.92	6.76×10^{-5}	86.5
	353	6.55	74 340	2.05	3.81×10^{-5}	0.91	6.85×10^{-5}	81.62

2.3.6 离子交换后水滑石的组分分析

图 2.22 为离子交换后回收的 LDH 的 EDS 和 EDS-mapping 图谱。可以看出，在被回收的 LDH 中，EDS 图谱出现了明显的氯元素的峰。EDS-mapping 图谱表明，除固有的Mg、Al、C、O 元素外，Cl 元素也在回收的 LDH 上分布均匀。

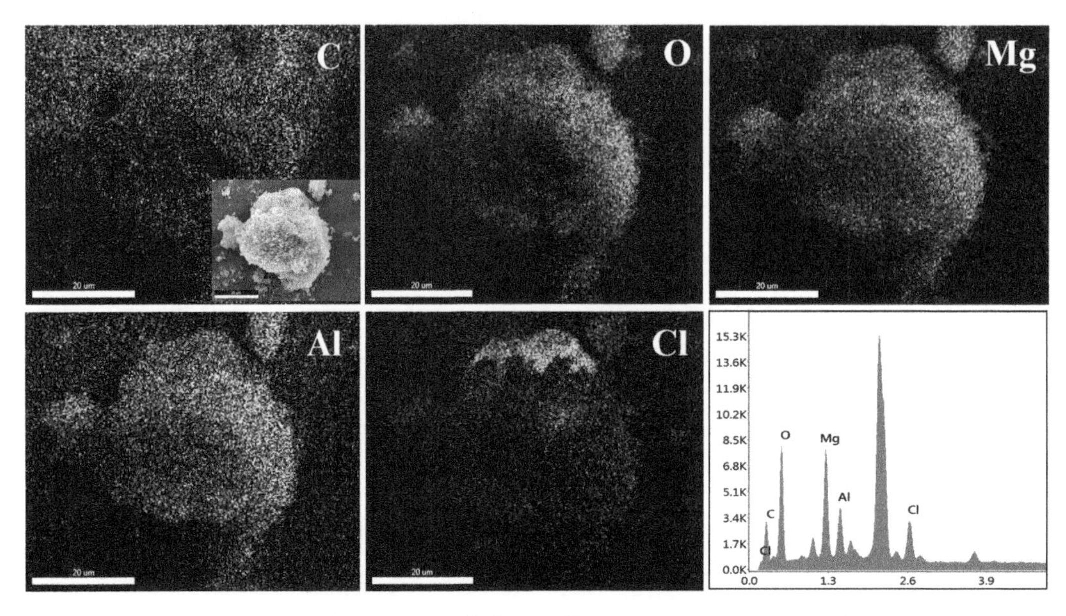

图 2.22　离子交换后回收的 LDH 的 EDS 和 EDS-mapping 图谱

2.4　本章小结

本章研究了焙烧复原法和共沉淀法等不同插层工艺对 VB3 在水滑石中的插层效果的影响，探索了 VB3 与 LDH 的结合机制，评价了 VB3-LDH 在混凝土模拟孔溶液中的防腐能力，具体的结果和结论如下：

(1) 对比研究了共沉淀法和焙烧复原法对 VB3 在镁铝水滑石中的插层效果的影响，从 VB3 负载率、合成稳定性、操作简便程度、实际应用前景等角度来分析，焙烧复原法更适合制备 VB3-LDH。

(2) 焙烧温度以及水浴时间对焙烧复原法制备 VB3-LDH 的效果影响很大，在非最佳合成条件下，VB3 的负载率普遍低于 10%，且只是被吸附在 LDH 表面而未进入 LDH 层间；而在最佳合成条件 450－11－50－15 下成功制备的 VB3－LDH，负载率达到了 24.4%。

(3) XRD、FTIR、XPS 和 EDS 图谱表明 VB3 分子成功地插层进入 LDH 的中间层中，而不仅是吸附在水滑石表面。SEM 和 TEM 表征表明，通过焙烧复原过程使 VB3 分子插入 LDH 层间后，LDH 尺寸变小，厚度变薄。插层 VB3 后，水滑石的孔道高度由 0.3 nm 扩展到 0.7 nm。TG-DTG 分析表明，LDH 和 VB3 的结合同时提高了二者的热稳定性。

(4) 通过电化学实验，发现 VB3-LDH 具有显著的防腐效果。在高浓度氯盐侵蚀环境中，极化电阻可达 300 000 $\Omega \cdot cm^2$，最大阻锈效率为 86.5%。在腐蚀环境中暴露 14 d 后，阻锈效率仍保持在 80%以上。VB3 水滑石的防腐效果主要取决于以下几个方面：首先，水滑石中插层的阻锈剂被释放到溶液中，保护碳钢免受腐蚀；其次，还能利用其离子交换特性吸附溶液中的氯离子；最后，VB3-LDH 的缓释作用可能提升了 VB3 的成膜致密性和均匀性。

第三章 VB3-LDH 在不同混凝土模拟液中的释放规律及阴离子吸附能力

3.1 引言

在钢筋混凝土服役环境中，混凝土内部 pH 并不是一成不变的。最初维持在 12.6 左右，但随着服役时间的延长，环境中的 CO_2 会随着水分进入混凝土内部，混凝土环境中 pH 降低至 10 以下，钢筋表面的钝化膜分解，进而易出现锈蚀。虽然氯离子侵蚀是引起混凝土中钢筋锈蚀的头号因素，但在实际的腐蚀环境中，氯离子通常并不单独存在，往往还伴随着硫酸根等其他侵蚀性阴离子。而研究表明，硫酸根的存在会对钢筋的氯离子腐蚀造成明显的影响。

水滑石负载阻锈剂对于混凝土中钢筋锈蚀的抑制，主要是基于其出色的离子交换能力，在置换阴离子的同时，释放阻锈剂。目前关于水滑石离子交换的研究一般只是在单一的离子环境中进行，在多离子共存的情况下，水滑石对于氯离子的置换能力还有待进一步探究。此外，研究表明，载体释放层间离子的速度受 pH、阴离子种类等因素的影响较大[183-185]。因此，水滑石负载阻锈剂在混凝土环境中发挥腐蚀抑制作用的一大优势，在于其能适应外界激发条件的变化，改变其置换阴离子及缓释阻锈剂的规律，使其能够根据具体的腐蚀环境的变化，智能调控自身置换-缓释的机制。因此，探究水滑石负载阻锈剂在不同腐蚀环境下的缓释-置换机制对于理解水滑石阻锈剂的腐蚀抑制作用，并进一步评估水滑石负载阻锈剂的使用价值具有重要意义。

本章采用第二章中用焙烧复原法制备的 VB3-LDH，设置了在不同 pH 下单一氯离子和氯离子硫酸根离子共存的模拟条件。其中 pH 的设置参考正常混凝土内部的 pH 以及碳化后的 pH，设置了 pH=12.6 和 pH=10 两种碱性环境。通过探究 VB3-LDH 的缓释-置换能力随环境 pH、离子种类变化而变化的规律，为其在钢筋混凝土腐蚀防护中腐蚀抑制机制提供现实和理论的依据。

3.2 原材料及试验方法

3.2.1 原材料

VB3-LDH采用第二章中的焙烧复原法制备，$Ca(OH)_2$、NaCl、Na_2SO_4 都为分析纯，购买于国药集团化学试剂有限公司。

3.2.2 试验方法

(1) 氯离子平衡等温线

所有NaCl溶液都是在饱和 $Ca(OH)_2$ 溶液基础上配制的(氯离子浓度为0.01%、0.015%、0.03%、0.06%、0.08%、0.1%、0.15%、0.2%、0.25%)。其中饱和 $Ca(OH)_2$ 溶液的制备方法是先配制过饱和的 $Ca(OH)_2$ 溶液，然后静置24 h后取上清液。为了探究不同溶液环境下VB3-LDH吸附氯离子和释放阻锈剂的规律，共设置了三种溶液：① pH为12.6的NaCl溶液(pH12.6+C)，模拟正常混凝土内部环境；② pH为10的NaCl溶液(pH10+C)，模拟混凝土遭受碳化的情况，pH用 $NaHCO_3$ 调整至10[29, 110]；③pH为12.6，NaCl和 Na_2SO_4 共存溶液(pH12.6+C+S)，SO_4^{2-} 的物质的量浓度与 Cl^- 相同，模拟 SO_4^{2-} 与 Cl^- 共存时的情形。

然后将0.5 g VB3-LDH粉末添加到100 mL溶液中。在室温下剧烈搅拌以实现离子交换，12 h后，将溶液离心分离。采用 $AgNO_3$ 电位滴定测试溶液浓度。氯离子吸附量由式(3-1)计算：

$$q_e = (C_0 - C_e)V/m \tag{3-1}$$

式中：q_e 是氯离子吸附平衡含量(mg/g)；C_0 和 C_e 分别是初始氯离子浓度和平衡氯离子浓度(mg/L)；V 是溶液体积(L)；m 是LDH质量(g)。

(2) 氯离子吸附动力学

氯离子吸附动力学实验的初始氯离子浓度为0.25%，然后将0.5 g VB3-LDH粉末添加到100 mL溶液中，测试时间为180 min。t 时刻的氯离子吸附量通过式(3-2)计算：

$$q_t = (C_0 - C_t)V/m \tag{3-2}$$

式中：q_t 和 C_t 分别为 t 时刻的氯离子吸附量(mg/g)和氯离子浓度(mg/L)。

(3) VB3-LDH的释放动力学

取0.5 g VB3-LDH溶于100 mL不同溶液中，持续搅拌不同时间(5～180 min)，然后离心，取上清液(取0.5 mL并用同种基底溶液进行稀释)用于吸光度测试。然后将吸光度代入2.2.3节中的标准曲线方程进行浓度计算，进而得出释放率(X_t)。以时间(t)为横坐标，释放率(X_t)为纵坐标绘制曲线，即为释放动力学曲线。重复该步骤3次以减少实验误差。

(4) 微观分析

采用XRD、FTIR对进行离子交换后的水滑石结构及组成进行了分析。取样过程为：离子交换实验完成后，将溶液中的LDH过滤出，在60℃烘箱中烘12 h，准备进行测试。XRD测试仪器为Rigaku Ultima Ⅳ X射线衍射仪，附带在5°～90°的Cu Kα放射。FTIR谱是由KBr压片收集样品用Thermo Scientific Nicolet iS10傅里叶变换红外光谱仪得出，测试范围是400～4 000 cm^{-1}。

3.3 结果与讨论

3.3.1 VB3-LDH吸附氯离子曲线

图3.1是VB3-LDH在不同溶液中的吸附氯离子吸附动力学。可以看出，在不同溶液中，随着时间延长，VB3-LDH对于氯离子的吸附都呈现了先快速后缓慢的特点。在第一阶段快速吸附主要有三方面的原因：首先，因为VB3插入LDH层间的难度较大，通过焙烧复原法制备的VB3-LDH中仍然剩余部分难以被VB3占据的吸附位点，而这部分吸附位点较易被Cl^-占据；其次，这也与VB3-LDH中的VB3释放有关，从下文数据可以看出，VB3-LDH中的VB3在与溶液接触的初期就大量释放，这样就使得LDH表面腾出了更多的吸附位点；最后，这也与下文中的VB3释放规律有关，在与溶液接触的最初时刻，大量VB3从LDH中释放，也能使用LDH出现大量空缺的吸附位点。

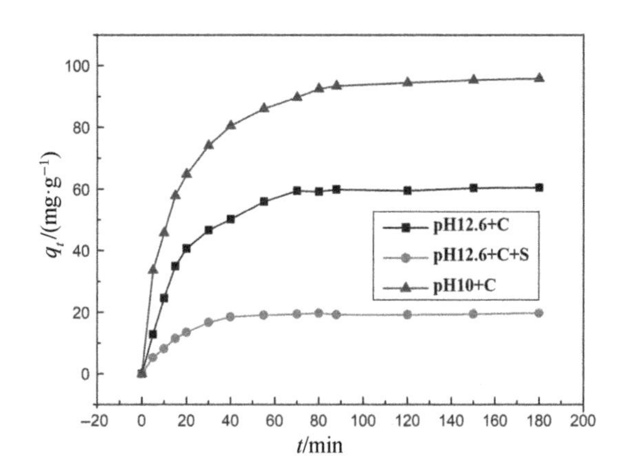

图3.1 接触时间对VB3-LDH氯离子吸附量的影响

溶液环境对VB3-LDH也会造成明显的影响。可以看出，在pH12.6+C中，VB3-LDH的最大吸附量为60.5 mg/g。而在添加了SO_4^{2-}后，对于氯离子的吸附量降低至19.8 mg/g，仅为未添加SO_4^{2-}溶液中的32.7%。这主要是因为SO_4^{2-}的竞争吸附造成的，

SO_4^{2-} 为负二价，通常离子价态越负，与 LDH 的亲和性越高[141]。这主要是因为 LDH 的吸附作用是通过阴离子交换作用产生的，而当阴离子的电位越高时（即价态越负），阴离子与吸附位点结合的能力越强。

对比在 pH=12.6 环境下，当溶液的 pH 降低为 10 时，VB3-LDH 对于氯离子的最大吸附量提升至 95.8 mg/g，比在 pH=12.6 的溶液中高出了 63.3%，说明随着混凝土受到碳化侵蚀，VB3-LDH 的氯离子吸附能力得到提升。这主要由两方面原因导致：首先，OH^- 常常会与 Cl^- 产生竞争吸附，pH 从 12.6 下降后，溶液中的 OH^- 浓度下降，致使 VB3-LDH 对 Cl^- 的吸附量提高。其次，根据报道[186]，Mg-Al-LDH 的零净电荷点在 pH 为 11 左右，在 7～11 的 pH 范围内，随着 pH 升高，Mg-Al-LDH 的正电荷密度降低，对氯离子的静电吸引力减弱，这使得 VB3-LDH 在碱性环境中的氯离子吸附能力低于在中性环境中的。

3.3.2　VB3-LDH 吸附氯离子的动力学模拟

为了更加深入系统地理解 VB3-LDH 对于氯离子的吸附过程，采用了准一级动力学、准二级动力学和内颗粒扩散模型对吸附动力学数据进行了拟合。三种动力学的表达式如下：

准一级动力学模型[187]：

$$\ln(q_e - q_t) = \ln q_e - k_1 t \tag{3-3}$$

准二级动力学模型[188]：

$$\frac{t}{q_t} = \frac{1}{k_2 q_e^2} + \frac{t}{q_e} \tag{3-4}$$

内颗粒扩散模型[189]：

$$q_t = k_3 t^{1/2} + C \tag{3-5}$$

式中：q_e 是平衡时的氯离子吸附量（mg/g）；q_t 是时间 t 时刻的氯离子吸附量（mg/g）；k_1 和 k_2 分别是准一级和准二级动力学模型的速率常数；C 为溶液中氯离子的浓度（mg/L）。

图 3.2 和图 3.3 分别为采用准一级动力学模型和准二级动力学模型对图 3.1 中的数据进行拟合。从图 3.2 和图 3.3 可直观看出，准二级动力学的拟合曲线与原始数据的贴合度远高于准一级动力学拟合。从表 3.1 中的拟合参数可以看出，采用准一级动力学模型时，pH12.6+C、pH12.6+C+S、pH10+C 的相关系数 R^2 明显小于采用准二级动力学模型时的 R^2。因此，VB3-LDH 在不同的环境下吸附氯离子的过程更符合准二级动力学的规律，这说明化学反应是 VB3-LDH 吸附氯离子过程的限速步骤。换言之，VB3-LDH 对 Cl^- 的吸附以化学吸附为主[190]。此外，准二级动力学方程计算得出在 pH12.6+C、pH12.6+C+S、pH10+C 中的理论吸附量在 $q_{e2,cal}$ 分别为 66.67 mg/g、21.28 mg/g 和 100 mg/g，实验

测量值分别为 60.5 mg/g、19.8 mg/g 和 95.8 mg/g，理论计算值与实验测量值很接近，进一步说明 VB3-LDH 对氯离子的吸附更加符合准二级动力学模型。值得注意的是，无论是在含有 SO_4^{2-} 的情况下，还是在 pH 为 7 的情况下，VB3-LDH 对 Cl^- 的吸附都符合化学吸附模型。

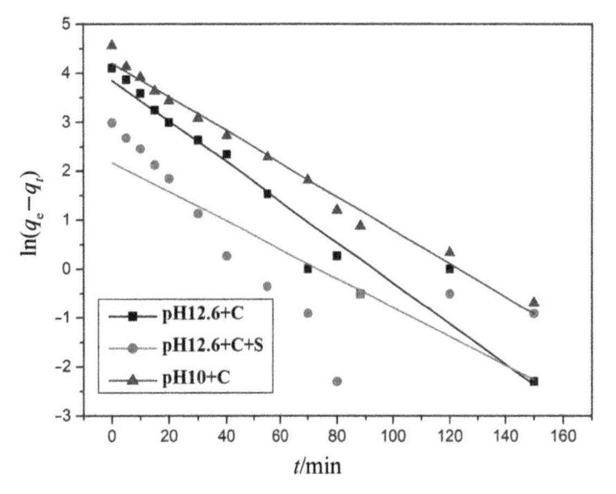

图 3.2 VB3-LDH 吸附氯离子的准一级动力学模型拟合

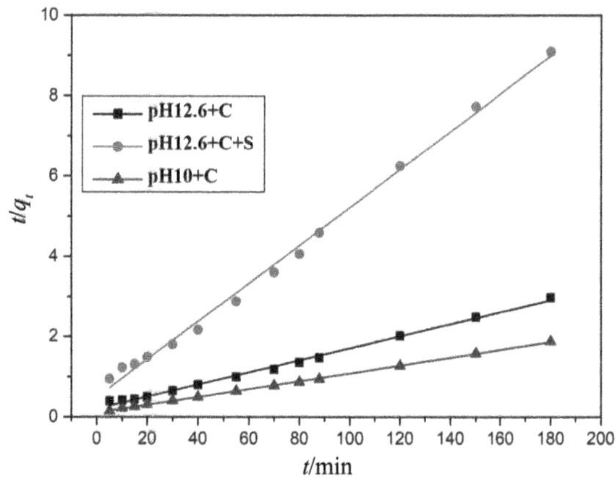

图 3.3 VB3-LDH 吸附氯离子的准二级动力学模型拟合

表 3.1 VB3-LDH 在不同溶液中吸附氯离子的 Langmuir 和 Freundlich 模型拟合参数

溶液	$q_{e,exp}$/(mg·g^{-1})	准一级动力学参数				准二级动力学参数			
		K_1	$q_{e2,cal}$/(mg·g^{-1})	R^2	方程	$q_{e2,cal}$/(mg·g^{-1})	K_2	R^2	方程
pH12.6+C	60.5	0.041	46.95	0.929	$y=-0.041x+3.849$	66.67	0.001 1	0.995	$y=0.015x+0.205$
pH12.6+C+S	19.8	0.003	8.71	0.508	$y=-0.03x+2.165$	21.28	0.004 5	0.995	$y=0.047x+0.487$
pH10+C	95.8	0.034	66.55	0.929	$y=-0.034x+4.198$	100	0.000 9	0.999	$y=0.01x+0.106$

为进一步理解氯离子在 VB3-LDH 上的扩散机制，采用内颗粒扩散模型对图 3.1 中的吸附动力学数据进行拟合。内颗粒扩散的拟合结果表明(图 3.4)，VB3-LDH 对氯离子的吸附主要包括三个阶段：第一阶段吸附速度最快，对应的是 VB3-LDH 的外表面吸附，该阶段主要以 VB3-LDH 外部的氯离子通过液膜向 VB3-LDH 表面传质为主；第二阶段吸附速度放缓，这个过程以内颗粒扩散为主要的速率控制步骤；第三阶段达到吸附平衡状态，即

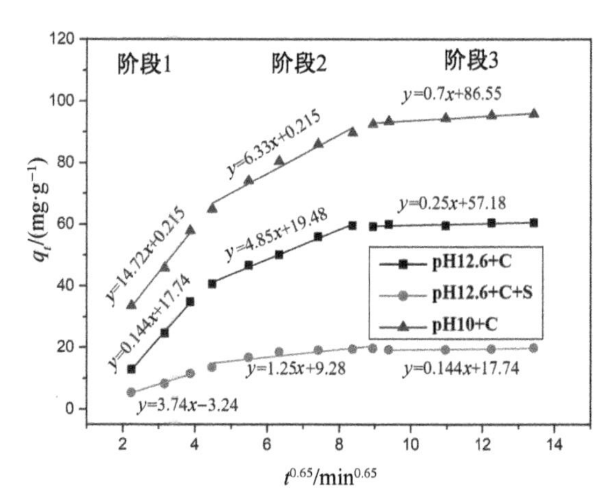

图 3.4 VB3-LDH 吸附氯离子的内颗粒扩散模型拟合

此时氯离子的吸附-脱附达到平衡。

3.3.3 VB3-LDH 吸附氯离子的吸附等温线

为了研究 VB3-LDH 对氯离子吸附行为以及相互的界面作用机理，本书绘制了氯离子吸附量相对平衡氯离子浓度的平衡等温线。通过对这一平衡等温线进行拟合，可以得到关于饱和吸附量、吸附类型以及吸附过程的相关常数，有助于更加系统地理解 VB3-LDH 对氯离子的吸附行为。本书采用 Langmuir 以及 Freundlich 两种等温模型进行拟合。

Langmuir 等温模型的表达式是一个理论公式，它假定吸附位点均匀分布于吸附剂表面，各位点的吸附的能力相同，并且每个吸附位点仅吸附一个分子。吸附质呈单分子层状态吸附于特定位置，且相互之间没有作用力。当吸附达到平衡时，吸附质的吸附速率以及脱附速率相同，此时的吸附量即为饱和吸附量。Langmuir 等温模型的方程式如式(3-6)所示[191-192]：

$$q_e = \frac{K_L \cdot q_m C_e}{1 + K_L \cdot C_e} \tag{3-6}$$

式中：q_e 代表平衡吸附量(mg/g)；q_m 为与单层覆盖有关的最大吸附量(mg/g)；K_L 是与结合能有关的 Langmuir 常数(mg/g)；C_e 是溶液中氯离子的平衡浓度(mg/L)。

Freundlich 等温模型的表达式是一个经验方程。它代表一种非均匀的多相吸附模式，但仍然存在一些问题：(1)当离子浓度较低时，难以展现出良好的线性关系；(2)当浓度较高时，难以预估最大吸附量。Freundlich 等温模型的方程式如式(3-7)所示[158, 193]：

$$q_e = K_F \cdot C_e^n \tag{3-7}$$

式中：q_e 代表平衡吸附量(mg/g)；C_e 是溶液中氯离子的平衡浓度(mg/L)；K_F 和 n 是 Freundlich 等温模型的常数。

图 3.5、图 3.6 和图 3.7 分别是 VB3-LDH 在 pH12.6+C、pH12.6+C+S、pH10+C 溶液中对氯离子的吸附等温线。表 3.2 是对应的拟合参数。从表 3.2 可以看出，采用 Langmuir 等温模型进行拟合时，pH12.6+C、pH12.6+C+S、pH10+C 的相关系数 R^2 分别为 0.995、0.948 和 0.98，而采用 Freundlich 模型拟合时，对应的相关系数 R^2 分别为 0.874、0.911 和 0.917。因此，Langmuir 模型比 Freundlich 更加适合拟合 VB3-LDH 的吸附数据。这说明 VB3-LDH 对于氯离子吸附具有均匀和单分子层吸附的特征[191-192]。通过 Langmuir 模型的拟合可以算出 VB3-LDH 在三种环境下的最大吸附量分别为 61.21 mg/g、21.89 mg/g、96.78 mg/g，这与实验测试值相近，进一步印证了 Langmuir 模型更加符合 VB3-LDH 吸附氯离子的特征。

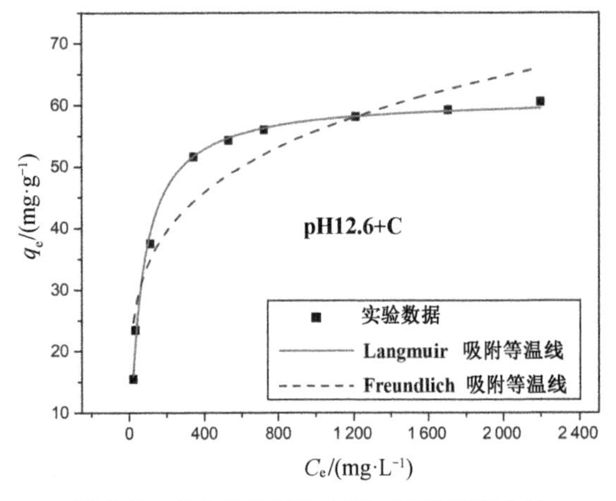

图 3.5　VB3-LDH 在 pH12.6+C 溶液中的氯离子吸附等温线

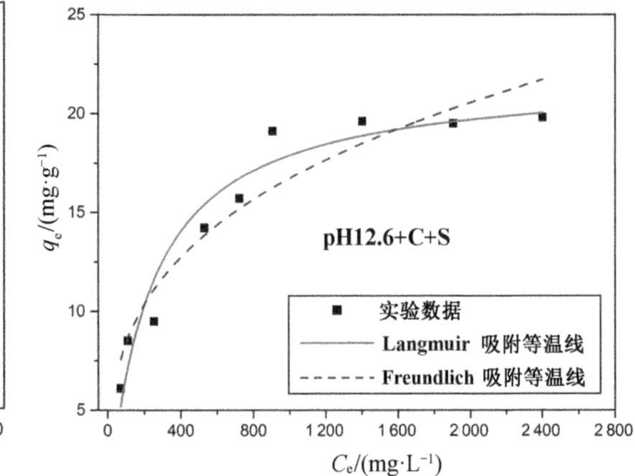

图 3.6　VB3-LDH 在 pH12.6+C+S 溶液中的氯离子吸附等温线

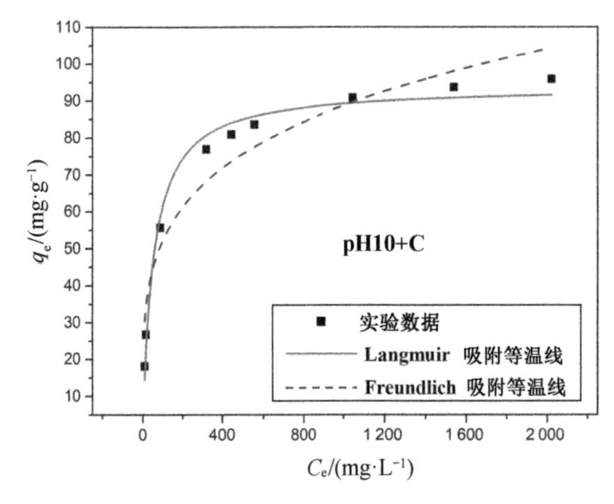

图 3.7　VB3-LDH 在 pH10+C 溶液中的氯离子吸附等温线

对于 Langmuir 的平衡常数 K_L 的值，pH12.6+C+S 中的 K_L 值比 pH10+C 和 pH12.6+C 中低了一个数量级。这表明在 pH12.6+C+S 中，Cl^- 与 VB3-LDH 的亲和性更弱，这是由于 SO_4^{2-} 竞争吸附的原因。虽然在碱性环境中，Cl^- 吸附也面临着 OH^- 的竞争，但是负二价的 SO_4^{2-} 的电势远高于 OH^-，SO_4^{2-} 与 LDH 中吸附位点的结合能力远强于 OH^-。因此，在出现 SO_4^{2-} 后，K_L 明显下降。

表 3.2　VB3-LDH 在不同溶液中吸附氯离子的 Langmuir 和 Freundlich 模型拟合参数

	Langmuir			Freundlich		
溶液	q_m /(mg·g^{-1})	K_L /(L·mg^{-1})	R^2	K_F/(L·mg^{-1})	n	R^2
pH12.6+C	61.21	0.016	0.995	12.69	0.214	0.874
pH12.6+C+S	21.89	0.004 4	0.948	2.143	0.297	0.911
pH10+C	96.78	0.019	0.98	18.1	0.23	0.917

3.3.4 VB3-LDH 中 VB3 的释放曲线

图 3.8 是 VB3-LDH 中 VB3 在不同环境下的释放动力学曲线。可以看出，在三种溶液中，在释放前期 VB3 的释放速度较快，随后速度逐渐缓慢至平衡。这主要是由于在 LDH 表面和层板边缘，VB3 的扩散阻力较小，而层板中心的 VB3 的扩散阻力较大，因此更加缓慢[194-195]。

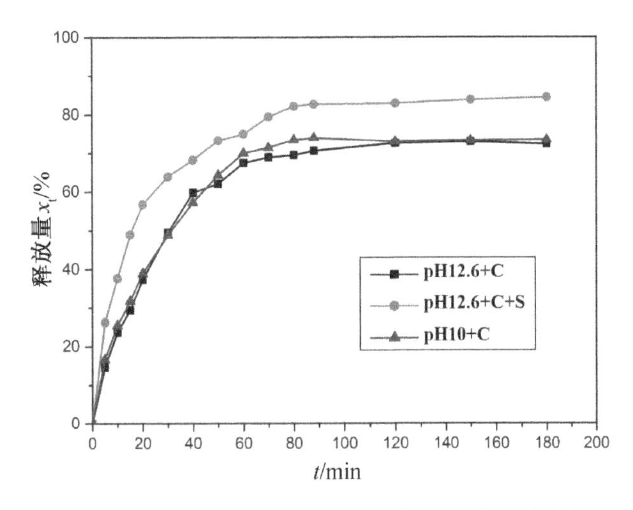

图 3.8 在不同溶液中 VB3-LDH 内 VB3 的释放曲线

溶液的 pH 下降对 VB3 释放的影响较小，pH12.6+C 和 pH10+C 溶液中的半衰期（释放量达到 50%的时间）都为 30 min，最大释放量变化不大，pH10+C 和 pH12.6+C 中的最大释放量分别为 73.39%和 72.28%。而在其他一些研究中发现，随着溶液 pH 的下降，LDH 中的插层分子往往释放更快，释放量也会增大，这是因为在这些研究中，溶液的 pH 都在 7 以下[184, 196-197]。通常在酸性环境下，LDH 会出现不同程度的溶解及层板坍塌的现象，导致大量的层间离子快速释出。而在本研究中，虽然设置了不同的 pH，但是都非酸性环境，所以未明显出现 VB3 释放量随 pH 降低而增大的情况。

可以看出，添加了 SO_4^{2-} 后，VB3-LDH 中 VB3 的释放速率加快，达到释放半衰期的时间为 15 min。从最终的释放量来看，在添加有 SO_4^{2-} 的溶液中，VB3 的释放量最大，达到了 84.4%。显而易见的是，添加 SO_4^{2-} 以后，VB3 的释放速率加快，总释放量也增加。这主要是因为阴离子的价态对其与 LDH 亲和性影响很大，SO_4^{2-} 比 Cl^- 价态更负，电位更高，阴离子与吸附位点结合的能力越强[198]。相应地，水滑石层板边缘和层板中心的 VB3 阴离子（去质子化后成为阴离子）也更容易被置换。

此外，通过与上文中的氯离子吸附动力学对比，可以发现，VB3 的释放平衡时间与氯离子吸附平衡时间并不完全同步。在 pH12.6+C 和 pH10+C 试样中，释放基本达到平衡的时间约为 60 min，而 pH12.6+C 和 pH10+C 溶液中，氯离子吸附平衡时间分别为 90 min 和 70 min。这表明在 VB3 释放达到平衡后，LDH 仍然在继续吸附氯离子，这种吸附作用可能是由一些处于 LDH 层板中心处附近空缺吸附位点提供，这部分吸附位点可能在 VB3 插层过程中就未被填满。而在 pH12.6+C+S 溶液中，VB3 的释放平衡时间为 80 min，对应的氯离子吸附平衡的时间仅为 40 min，这是由于溶液中 SO_4^{2-} 的干扰造成的。

VB3-LDH 的这一缓慢释放作用只持续了不到 100 min，主要是因为这是在氯离子存在的模拟液中。在真实的混凝土环境中，除特定情形下，在混凝土浇筑以及水化早期，混凝土内部几乎无氯离子，而在整个混凝土的水化早期，环境中的氯离子也很少进入混凝土内部。因此，可以预判，VB3 在真实混凝土环境中的释放时间远高于在存在氯离子的溶液中的释放时间。这种缓释作用就相当于 VB3 阻锈剂是通过 LDH 间接加入混凝土中，在水泥水化的早期，VB3 几乎未直接与水泥接触，从而避免了阻锈剂对水泥自身性能造成影响。此外，有研究证明了载体负载阻锈剂的缓慢释放作用有助于改善阻锈剂在金属表面的成膜效应，进而提升阻锈剂的防腐效率[102, 182]。对于直接添加至溶液中的纯阻锈剂，阻锈剂中的极性基团与碳钢表面的强吸附作用会导致阻锈剂快速、集中、无序地聚集在碳钢表面，这就可能会导致阻锈剂在碳钢表面局部聚集，又在另一些部位吸附过少，从而导致阻锈剂膜不均匀、不致密。对于载体负载阻锈剂，阻锈剂是缓慢、渐进地从 LDH 中释放出来。相应地，阻锈剂也会源源不断、有序地吸附在碳钢表面，形成一层稳定且致密的吸附膜。

3.3.5 VB3-LDH 中 VB3 释放的动力学拟合

VB3-LDH 中的阻锈剂 VB3 的释放主要经历四个过程：VB3 在层间通道内的扩散，与溶液中的阴离子发生离子交换，在颗粒与缓释溶液之间的固液界面发生液膜扩散，在缓释介质中的浓度梯度扩散。

在本书的研究中，采用了准一级动力学模型、准二级动力学模型和 Bhaskar 模型进行了拟合[199-201]，如式(3-8)~式(3-10)所示。

准一级动力学模型：

$$\ln\left(1-\frac{q_t}{q_e}\right)=-k_1 t \tag{3-8}$$

准二级动力学模型：

$$\frac{t}{q_t}=\frac{1}{k_2 q_e^2}+\frac{t}{q_e} \tag{3-9}$$

通常，Bhaskar 模型可被用于描绘颗粒内扩散为主要限速步骤的缓释过程，其表达式经

简化后可表示为

$$\ln\left(1-\frac{q_t}{q_e}\right)=-k_B t^{0.65} \tag{3-10}$$

式中：q_e 和 q_t 分别为平衡释放量(mg/g)和时间 t 时刻的释放量(mg/g)；k_1 (min^{-1})、k_2 (min^{-1})和 k_B ($\text{min}^{-0.65}$)分别为准一级动力学模型、准二级动力学模型和 Bhaskar 模型的速率常数。

可以看出，采用准一级动力学模型拟合时(图 3.9)，在 pH12.6+C、pH10+C、pH12.6+C+S 三种溶液中拟合的相关系数 R^2 分别为 0.993、0.983 和 0.955。而采用准二级动力学模型拟合时(图 3.10)，R^2 都在 0.99 以上，从拟合图中可以看出拟合线的贴合度也更高。这说明准二级动力学模型能更好地描绘 VB3-LDH 中 VB3 的释放。

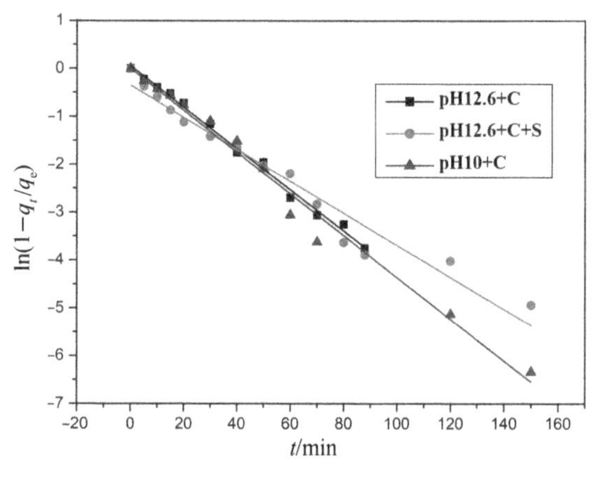

图 3.9　VB3-LDH 中 VB3 释放的准一级动力学模型拟合

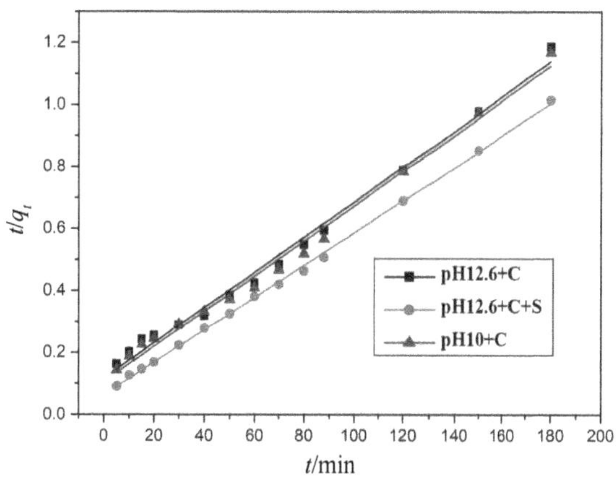

图 3.10　VB3-LDH 中 VB3 释放的准二级动力学模型拟合

图 3.11 为 VB3-LDH 中 VB3 释放的 Bhaskar 模型拟合曲线。在三种溶液中，$\ln(1-q_t/q_e)$ 都与 $t^{0.65}$ 保持着良好的线性关系，相关系数 R^2 都在 0.95 以上，说明在三种溶液中 VB3-LDH 的释放规律较好地符合这一模型。这表明，VB3 的释放是一个颗粒内扩散控制过程[199]。结合 VB3 的释放曲线 Bhaskar 模型的特点可知，释放包括重要的离子交换过程，溶液中的 Cl^-、SO_4^{2-} 等阴离子由溶液向 VB3-LDH 的晶粒表面和层间进行扩散，与 LDH 层板边缘一级中心的 VB3 发生离子交换作用，而 LDH 内的 VB3 则由层间向外反向扩散至溶液中[202]。与溶液中的扩散相比，VB3 在 LDH 层间的扩散更加困难，因此 VB3-LDH 的速率控制步骤为 VB3 在 LDH 层间和晶粒间的扩散过程。

3.3.6　离子交换后 VB3-LDH 的结构和成分分析

如图 3.12 所示为 VB3-LDH 在 pH12.6+C、pH10+C 和 pH12.6+C+S 中进行离子

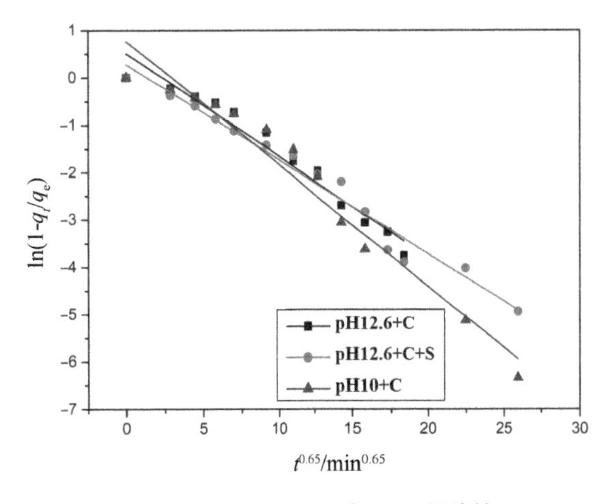

图 3.11 VB3-LDH 中 VB3 释放的 Bhaskar 模型拟合

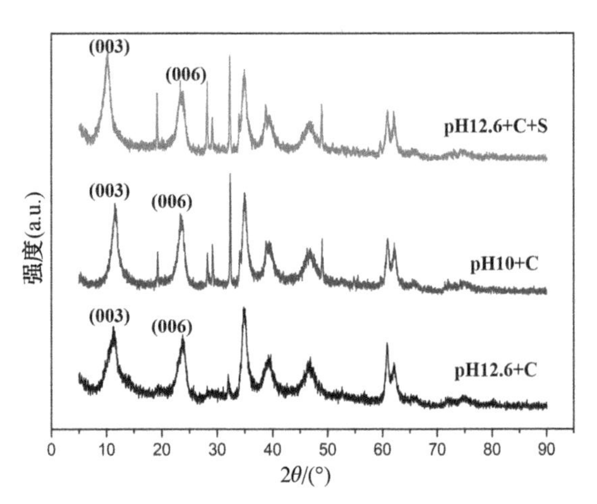

图 3.12 VB3-LDH 进行离子交换后的 XRD 图谱

吸附后的 XRD 图谱。pH12.6+C 和 pH10+C 试样的 XRD 图谱类似,(003)峰的位置从 $2\theta=7.46°$处转到了 11.41°处,根据布拉格公式[142],可以计算出基底间距从 1.18 nm 降低至 0.77 nm,降低后的基底间距与文献中有关的氯离子插层水滑石的层间距一致,说明 VB3-LDH 中的 VB3 被置换成了氯离子。而在 pH12.6+C+S 溶液中,VB3-LDH 的(003)峰位置相对于单一氯离子环境中更负,$2\theta-10.42°$,通过布拉格公式可以计算出基底间距为 0.85 nm。这个间距值大于吸附氯离子时的间距,是因为硫酸根离子尺寸大于氯离子。水滑石层间距的增大也验证了水滑石对硫酸根离子的吸附优先于氯离子的结论。但此时的基底间距与文献中报道的略有不同,这可能是因为溶液环境不同导致硫酸根在水滑石层间的排列方向不同。

如图 3.13 所示为在 pH12.6+C、pH10+C 以及 pH12.6+C+S 的环境中进行离子交换后的 FTIR 数据。可以看出,在 3 750 cm^{-1} 至 2 750 cm^{-1} 处,是水滑石层间的 O—H 和层间水的伸缩振动峰,这来自水滑石层间的羟基以及从溶液及空气中吸附的水分。在 1 624 cm^{-1} 处,在三种环境中的红外结果都显示出比较微弱的 C═C 振动峰,这可能是来自 VB3 分子。这一方面是因为,在离子交换的过程中,VB3 分子并未完全释放,这也符合其他论文的一些研究,负载类阻锈剂的释放率通常不会超过 95%[203-204];另一方面,可能是因为 VB3-LDH 表面吸附了少量的 VB3 所导致的。在 1 370 cm^{-1} 处,出现了明显的 CO_3^{2-} 反对称伸缩振动峰,CO_3^{2-} 是在离子交换过程中不可避免地从溶液和空气中吸附到水滑石层间的,在其他的研究中也出现了这样的现象。从上文中离子吸附以及 XRD 数据中,已能证明硫酸根已被 LDH 置换。而在 pH12.6+C+S 中,未出现明显硫酸根的峰,这可能是由于硫酸根特征峰的位置与 Mg—O、Al—O 峰的位置重叠,致使硫酸根的峰被掩盖。而在三个 FTIR 数据中,都未见到明显的有关 Cl^- 的峰,这是由于 Cl^- 是单原子的,不存在拉伸振动和弯曲振动。在三种试样的 500~700 cm^{-1} 区间内,都存在了一些 Mg—O 和 Al—O 的振动峰。

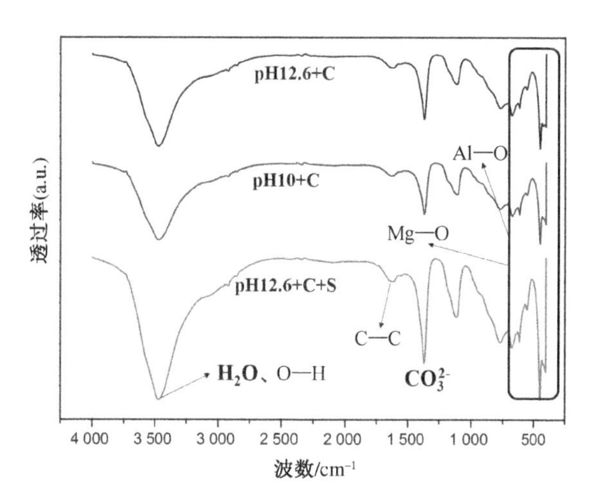

图 3.13　VB3-LDH 进行离子交换后的 FTIR 图谱

可以看出，随着 pH 的降低，VB3-LDH 对于氯离子的吸附能力明显上升。这样的吸附规律具有重要的意义：因为当混凝土环境中的 pH 在 12.6 左右时，钢筋表面的钝化膜能够以稳定的状态存在，极少能被氯离子腐蚀；而当钢筋处于 pH10 甚至更低的时候，钢筋表面的钝化膜难以稳定存在，如果这时候出现氯离子侵蚀，钢筋表面极易出现点蚀的问题。而在本项研究中，当环境 pH 从 12.6 降低至 10，VB3 - LDH 的 Cl^- 吸附能力大幅提升。这说明 VB3-LDH 对侵蚀性阴离子的吸附是随着 pH 的降低而升高的。换言之，可以理解为 VB3-LDH 的阴离子置换能力是随"需求"而变化的，当混凝土中钢筋的腐蚀倾向越重时，VB3-LDH 的阴离子吸附能力越强，相应的阻锈能力也得到增强。

可以注意到，在不同的溶液环境中，VB3 的释放时间都在 60 min 以上，而在实际的水泥基材料中，因为缺乏阴离子侵蚀以及复杂内部结构，VB3 的释放速度以及 VB3 在水泥基材料内部的传输速度都远低于在溶液中。因此，这种"缓释"效果能够起到两方面作用：一方面通过缓慢有序的释放，能够使有机阻锈基团更加有序成膜，提升其抗离子侵蚀性能；另一方面是通过这种"缓释"作用，能够大大减少 VB3 在水化初期对水泥水化的影响。而在含有 Cl^- 的环境中，VB3 的释放速率低于在含有 SO_4^{2-} 的环境中，说明在 Cl^- 环境中可能有更佳的"缓释"效果。

在与硫酸根离子共存后，VB3-LDH 对于氯离子的吸附能力大幅度下降，但是使 VB3-LDH 中 VB3 的释放量增大。这说明硫酸根的引入会对 VB3-LDH 的离子置换过程产生较大影响，关于这方面的进一步研究还会在本书第五章中开展。

3.4　本章小结

本章通过设置不同的离子种类、pH 环境，探究了 VB3-LDH 在不同溶液环境下的氯离子吸附及 VB3 释放规律。具体得到以下结论：

（1）在单一氯离子环境中，随着溶液 pH 的降低，VB3-LDH 对氯离子的吸附力增强，pH 从 12.6 降至 10 时，VB3-LDH 的氯离子吸附能力从 60.5 mg/g 提升至 95.8 mg/g，说明随着混凝土受到碳化侵蚀，VB3-LDH 的氯离子吸附能力得到提升。因此可以理解为 VB3-LDH 的阴离子置换能力是随“需求”而变化的，当混凝土中钢筋的腐蚀倾向越重时，VB3-LDH 的阴离子吸附能力越强，相应的阻锈能力也得到增强。而在相同 pH(12.6)下，与硫酸根离子共存时，VB3-LDH 对氯离子的吸附能力从 60.5 mg/g 降低至 19.8 mg/g。

（2）在不同的溶液环境中，相对于准一级动力学方程，VB3-LDH 对氯离子的吸附过程更加适合准二级动力学方程，这说明化学反应是 VB3-LDH 吸附氯离子过程的限速步骤。内颗粒扩散的拟合结果表明，VB3-LDH 对氯离子的吸附主要包括三个阶段，对应的是 VB-LDH 的外表面吸附，通过液膜向 VB3-LDH 表面传质，以内颗粒扩散为主要的速率控制步骤。VB3-LDH 中 VB3 的释放过程更加符合准二级动力学模型和 Bhaskar 模型，表明 VB3 的释放是一个颗粒内扩散控制过程。

（3）VB3-LDH 在不同溶液环境中对氯离子的吸附等温曲线都更加符合 Langmuir 等温模型而不是 Freundlich 模型，说明 VB3-LDH 对于氯离子吸附具有均匀和单分子层吸附的特征。XRD 分析结果证实了 VB3-LDH 主要通过离子交换作用进行离子吸附和释放，吸附硫酸根离子后，层间距由 0.77 nm 增加到 0.85 nm，说明硫酸根离子插入水滑石层间。

（4）三种溶液中，VB3 的释放呈先快速后缓慢的趋势。溶液的 pH 下降对 VB3 释放的影响较小，pH10+C 和 pH12.6+C 中的最大释放量相似，分别为 73.39%和 72.28%。添加 SO_4^{2-} 以后，VB3 的释放速率加快，总释放量也增加，达到了 84.4%。准二级动力学模型和 Bhaskar 模型都能较好地描绘 VB3-LDH 中 VB3 的释放。VB3-LDH 释放 VB3 的过程中，速率控制步骤为 VB3 在 LDH 层间和晶粒间的扩散过程。

第四章　VB3-LDH 对水泥水化进程影响的研究

4.1　引言

水泥水化进程以及孔隙结构对其宏观性能有着决定性影响，关于水泥水化的研究一直是混凝土领域的研究重点。添加剂的类型和掺量对水泥水化有着重要影响，通过研究水泥基材料在水化过程中水化热、水化产物及孔结构的变化规律，可全面探究出添加剂与水泥基材料自身的兼容性问题。研究表明[138, 160]，添加到水泥基材料中的微纳颗粒不仅能有效填充水泥基材料的内部孔隙，还会对水泥基材料的水化过程产生影响，进而影响到其整体的微观和宏观性能。

本书前几章的内容已经对 VB3-LDH 的可控制备、在不同腐蚀环境中的缓释-置换机制进行了系统研究。但若要实现其对混凝土中钢筋的腐蚀抑制作用，探究清晰 VB3-LDH 对水泥基材料自身性能的影响是基本前提。本章主要研究 VB3-LDH 对水泥基材料水化过程的影响，并以水化产物的种类和含量、微观结构等指标来分析 VB3-LDH 颗粒对水泥基材料水化过程及力学性能的改善效果，探究 VB3-LDH 在水泥基材料中的作用机理。

4.2　原材料与试验方法

4.2.1　原材料

本章试验所用 VB3-LDH 由第二章中的焙烧复原法合成，合成参数为第二章中探明的最佳合成参数。所用水泥是南京海螺水泥公司生产的 P·O 42.5 水泥，其密度为 3.15 g/cm^3，比表面积为 350 m^2/kg，水泥的主要化学组成如表 4.1 所示。所用砂为厦门艾思欧公司生产的中国 ISO 标准砂，砂的粒径范围是 0.08～2 mm。试验用水为南京晚晴化玻仪器公司提供的去离子水。

表 4.1 水泥的主要化学组成

组分	SiO_2	Al_2O_3	Fe_2O_3	CaO	MgO	SO_3	Na_2O	K_2O	烧失量
质量分数/%	21.74	5.32	3.32	62.62	1.02	2.18	0.41	0.77	1.93

4.2.2 试验方法

（1）力学性能测试

抗折强度和抗压强度测试根据《水泥胶砂强度检验方法》(GB/T 17671—1999)中的规定进行，采用成型 40 mm×40 mm×160 mm 的砂浆试块，水灰比为 0.55，灰砂比为 0.4，VB3-LDH 的添加量分别为水泥质量的 0、1%、3%、6%(如无特别注明，本章中 VB3-LDH 添加量都为其占水泥质量的百分比)。所有试样都在成型 1 d 后脱模，养护至测试龄期进行力学性能测试。每组数据都测试 3 个试样，取平均值作为所得结果。当出现超出平均值 ±10%的数据，则剔除后再取平均值作为强度试验结果。

（2）粒径分布分析

将所需测试的不同粉末倒入无水乙醇中，超声分散 10 min 后进行测试。测试仪器为 Malvern Mastersizer 2000 激光粒度仪。

（3）流动度测试

砂浆流动度测试根据《水泥胶砂流动度测定方法》(GB/T 2419—2005)中的规定进行。

（4）水化热分析

水泥水化热的测试仪器为 TA Instruments 公司生产的 TAM Air 型量热仪。该仪器的每个量热通道都包括一个 20 mL 的样品池和一个相同容积的参比池，采用循环空气系统控制恒温槽温度，确保对水泥水化放热的持续监测。

水泥水化热的具体测试过程包括：①以被测试水泥浆体的比热容为参照，称取相同质量的水并装入塑料瓶中作为对比样，并将其放置于通道内进行温度控制；②称取和参照试样中与水等比热容质量的水泥，拌成水泥浆体快速转移至测试瓶内，然后将测试瓶放入测试通道中；③经过短时间的温度平衡过程后，试样温度达到与参比样一致，开始收集放热数据至测试完成。测试添加不同掺量 VB3-LDH 的水泥净浆 72 h 的水化热。

（5）XRD 分析

取 3 d、7 d、28 d 水泥净浆试样进行 XRD 测试，分析添加普通水滑石、焙烧水滑石和维生素 B3 插层水滑石的砂浆水化产物的变化，进而分析 VB3-LDH 对水泥水化过程的影响。按照设定的龄期(3 d、7 d、28 d)取样，将水泥块浸没于酒精中 48 h 后，40 ℃干燥至恒重，部分干燥样品粉磨至完全通过 80 μm 筛，进行 XRD 测试。测试仪器为 Bruker D8 advance X 射线衍射仪，扫描角度为 5°～90°(2θ)，扫描速度为 10°/min，扫描步长为 0.02°/步。

（6） SEM 分析

水泥净浆养护至 28 d 后，从养护室取出，制成合适尺寸的小水泥块，将小水泥块试样浸没于酒精中 48 h 后，40℃真空干燥至恒重。测试前先采用 Sputter Coater 离子溅射仪进行表面喷金处理，以确保水泥试块的表面导电性。采用扫描电子显微镜为德国蔡司 Sigma 500 高分辨率场发射扫描电镜。

（7） 热重（TG-DTG）分析

本研究采用热重（TG-DTG）方法对水泥的水化产物含量进行分析，测试仪器为耐驰 STA449 F3 同步热分析仪。养护 3 d、7 d、28 d 后，将水泥浆体砸碎，取中间部位的小块在无水乙醇中浸泡 24 h 以终止水泥水化，然后在烘箱中烘 24 h，取样进行试验。测试温度范围设定为室温至 1 000℃，升温速率为 10℃/min，反应气氛为氮气。

（8） 压汞（MIP）分析

水泥基材料的各项性能，如强度、耐久性等都与基体内部孔隙的大小、数量等指标密切相关。测试水泥基材料孔隙特征的方法通常有 MIP、氮气吸脱附法、图像分析法等。氮气吸脱附法大多情况下用于测试孔径较小的孔，其测试孔径范围在 2～100 nm。图像分析法则通常用于分析大孔，且其操作过程比较烦琐。相比而言，MIP 的测试范围广泛，包含了混凝土内常见各类孔隙的尺寸测试，因此是检测混凝土微观孔隙结构特征的常见手段。

MIP 取样和测试：将养护 3 d、28 d 的试样取出，在水泥石试样中具有代表性的位置采用切割机切取尺寸约为 0.5 cm^3 的样品，放入 40℃烘箱中烘 24 h，烘干后密封包装送样进行测试。MIP 测试所使用的仪器为美国麦克公司生产的 Autopore IV 9510 型高性能全自动压汞仪。

4.3　结果与讨论

4.3.1　粒径分布

动态光散射法（dynamic light scattering，DLS）是一种用于测量分散于液体中微小颗粒粒径分布的常规分析手段。图 4.1 为 P・O 42.5 水泥、CO_3-LDH、CLDH 以及 VB3-LDH 的动态光散射（DLS）测试结果。可以看出，CO_3-LDH 在插层前后的颗粒尺寸明显小于水泥颗

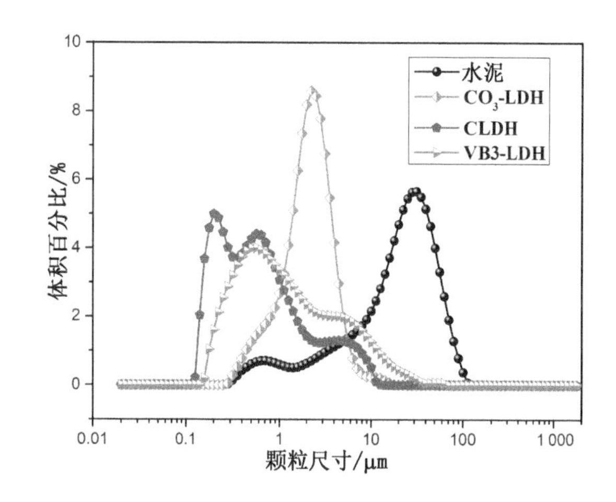

图 4.1　P・O 42.5 水泥和不同 LDH 的颗粒尺寸分布

粒。而 CLDH 及 VB3-LDH 的粒径相对于未处理的 CO_3-LDH 进一步减少，这与高温焙烧后水滑石的边缘破损以及内部离子的流失有关。VB3-LDH 的小尺寸特征可能有利于其在水泥基材料中发挥填充效应[205-207]。

4.3.2 VB3-LDH 对砂浆流动度的影响

如图 4.2 为空白样以及掺入 1%、3%、6% VB3-LDH 的水泥砂浆流动度。可以看出，随着 VB3-LDH 掺量的增加，砂浆的流动度逐渐下降，空白样以及 1%～6% VB3-LDH 试样的流动度分别为 26.7 mm、26.3 mm、25.7 mm、23.7 mm。这主要有两方面原因：一是由于在拌和过程中，LDH 层间具有良好的吸水性能；另一个原因可能是因为 LDH 的加入加速了水泥浆体的早期水化。虽然添加 VB3-LDH 后水泥砂浆的流动度出现下降，但是这种影响在可接受的范围内。

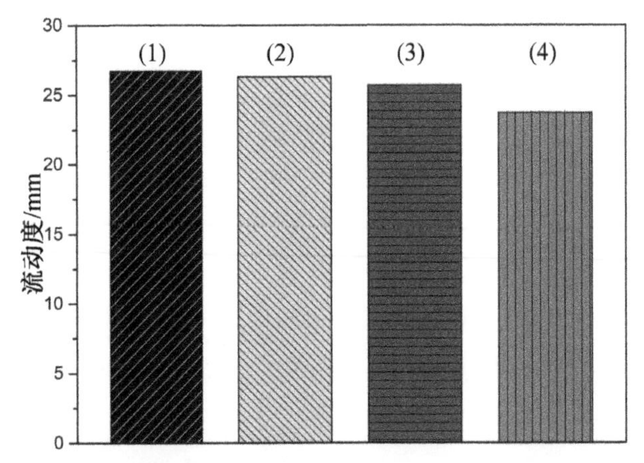

图 4.2 参照试样和添加不同掺量 VB3-LDH 砂浆的流动度：(1) 空白试样；(2) 1% VB3-LDH；(3) 3% VB3-LDH；(4) 6% VB3-LDH

4.3.3 VB3-LDH 对水泥早期水化放热的影响

普通硅酸盐水泥水化可细分为四个相关时期：(Ⅰ)预诱导期(稍短，熟料相溶解速率高)；(Ⅱ)诱导期(高钙浓度和高 pH 的抑制期)；(Ⅲ)加速期(快速，C-S-H 相和波兰石的形成)；(Ⅳ)减速期(膏体结构密集生长)[208]。通常将加速周期和减速周期结合在一起称为主周期[209]。

以往的研究表明，水泥的硬化机理依赖于水泥在液相中发生的水化。水泥净浆的总水化反应可以由水泥净浆的水化放热记录。因此，我们测量了不同掺量 VB3-LDH 净浆的热流和累积热随水化时间演化的关系。

图 4.3(a)和图 4.3(b)为添加 VB3-LDH 后水化放热速率和累积放热曲线。可以看出，加入 VB3-LDH 对水泥水化的预诱导期(Ⅰ)、诱导期(Ⅱ)、加速期(Ⅲ)以及减速期(Ⅳ)

的起始时间无明显影响。但能明显增加放热速率，0～6%掺量的 VB3-LDH 的热流峰值分别为 0.001 4 W/g、0.002 3 W/g、0.002 2 W/g、0.002 2 W/g。而从累积放热曲线可以看出，加入 VB3-LDH 后总放热量显著增加，空白样的累积放热量为 164.1 J/g，而 1%、3%、6%的 VB3-LDH 掺量下累积热分别达到了 224.5 J/g、260.9 J/g 以及 273.7 J/g，说明 VB3-LDH 的加入明显增加了水化放热。

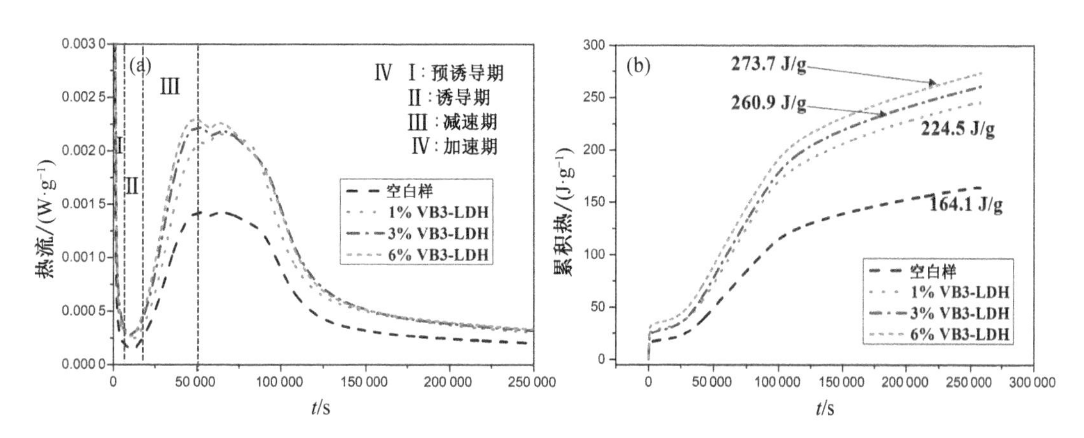

图 4.3　掺入和未掺 VB3-LDH 的水泥净浆 72 h 内的水化热曲线

水泥水化热的增加可以说明 VB3-LDH 促进了水泥的水化，其原因主要是 VB3-LDH 为水泥的水化产物形成提供了成核位点，加速了水化进程[210-212]。水化热的分析能从一定程度上判定水泥浆体的水化进程，但是难以判断是否有新的水化产物生成。若要知道 VB3-LDH 对水泥水化影响的更多信息，还需进行进一步的微观分析。

4.3.4　VB3-LDH 对水泥水化产物的影响

（1）VB3-LDH 对水泥水化产物组成的影响

为了进一步分析 VB3-LDH 对水化产物组成的影响，对水泥净浆水化至 3 d、7 d 和 28 d 的水化产物分别进行 FTIR 测试，得到不同 VB3-LDH 掺量和龄期净浆的 FTIR 分析，分别如图 4.4～图 4.6 所示。

图 4.4 中，450～500 cm^{-1} 代表 C-S-H 的 Si—O—Si 振动峰；1 417 cm^{-1} 是 C—O 对称伸缩振动峰；1 000 cm^{-1} 处代表 C-S-H 的 Si—O 振动峰；3 645 cm^{-1} 和 1 637 cm^{-1} 代表 $Ca(OH)_2$ 的 O—H 振动；1 120 cm^{-1} 处是 AFt 的对称伸缩振动峰。对比空白样和掺入 VB3-LDH 的红外谱图，添加 VB3-LDH 后并未明显出现新的 FTIR 峰，说明 VB3-LDH 的加入并未促成水泥生成新的水化产物。但在添加 VB3-LDH 后在氢氧化钙的 O—H 峰以及 C-S-H 中 Si—O 的峰都得到增强，这说明 VB3-LDH 的加入对水泥的水化有着促进作用。

图 4.7 为掺入和未掺 VB3-LDH 的水泥净浆水化 3 d 的 XRD 图谱。可以看出，水化 3 d 的水泥浆体的 XRD 出现了较强的氢氧化钙和钙矾石的特征峰。通常水泥的水化产物

主要为 C-S-H、氢氧化钙、钙矾石等，但是 C-S-H 由于结晶度较差，通过 XRD 难以分析其生成情况。掺入 VB3-LDH 后未出现新的衍射峰，说明 VB3-LDH 的加入并未生成新的水化产物。但是添加 VB3-LDH 以后，氢氧化钙的峰有所增强，这表明虽然没有促成新的水化产物生成，但是促进了水化进程。这与上述关于水化热及 FTIR 的分析有着较好的一致性。此外，不同样品中都出现了 C_3S 和 C_2S 的峰，说明 3 d 内水泥熟料还未充分水化。但是也能明显看出，加入 VB3-LDH 后，C_3S 和 C_2S 的峰减弱，这说明加入 VB3-LDH 后 C_3S 和 C_2S 的消耗量更大，这也从另一方面说明了 VB3-LDH 的加入有助于水泥水化的进行。

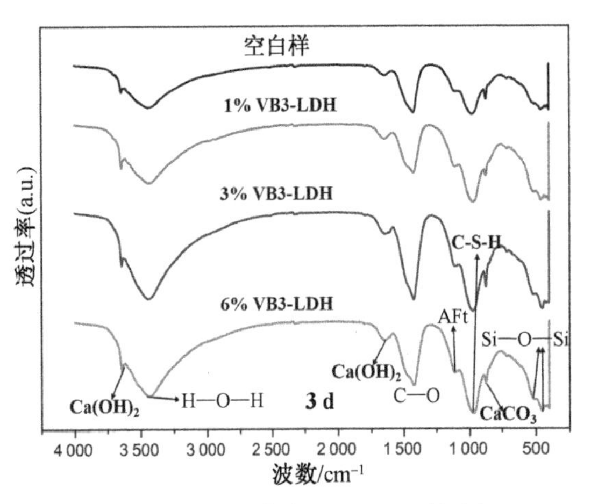

图 4.4 掺入和未掺 VB3-LDH 的水泥净浆水化 3 d 的 FTIR 图谱

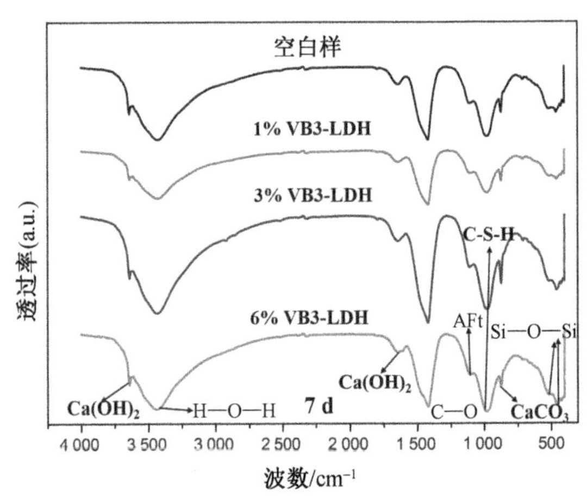

图 4.5 掺入和未掺 VB3-LDH 的水泥净浆水化 7 d 的 FTIR 图谱

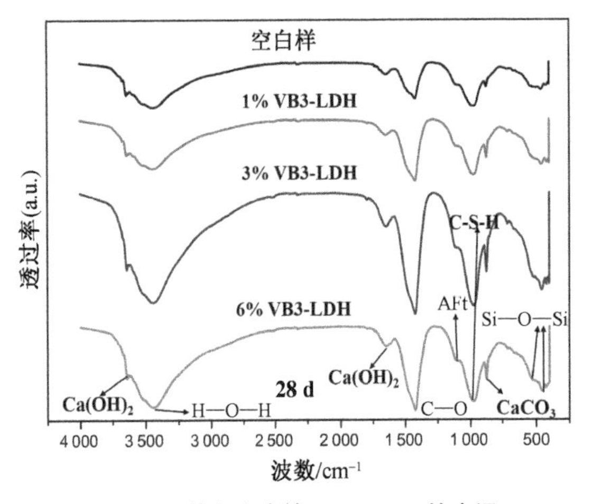

图 4.6 掺入和未掺 VB3-LDH 的水泥净浆水化 28 d 的 FTIR 图谱

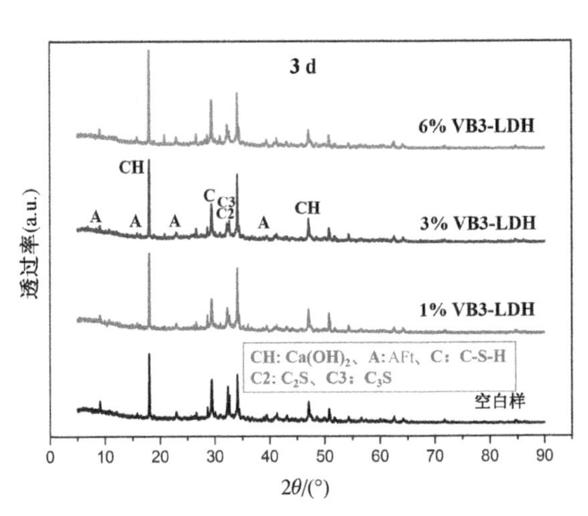

图 4.7 掺入和未掺 VB3-LDH 的水泥净浆水化 3 d 的 XRD 图谱

图 4.8 为水化 7 d 后的 XRD 图谱，相对于水化 3 d 时的数据，C_2S 和 C_3S 的峰强度明显减弱(此处峰的强弱变化是相对于同一样品的其他峰强度而言，以下同)，而氢氧化钙峰明显增强，说明水化还在继续进行。对比空白样和添加不同掺量 VB3-LDH 的试样还可以发

现，掺入 1%和 3%的 VB3-LDH 后，氢氧化钙峰的强度明显强于空白样，说明其明显促进了水泥的水化。但当 VB3-LDH 的掺量提高到 6%时，氢氧化钙峰反而较低，这可能是由于掺量过高时分散不均匀，导致取样的部位不含 VB3-LDH 所致。

图 4.9 为水化 28 d 后的 XRD 图谱，可以发现，养护 28 d 后，在不同试样中的 C-S-H 峰都明显增强，这说明相对于 3 d 和 7 d 的水化龄期，28 d 内的水泥浆体仍然在持续水化。而水化 28 d 后，C_3S 以及 C_2S 的峰基本消失，说明在 28 d 后水泥的水化已经比较充分。添加 VB3-LDH 的氢氧化钙峰和 C-S-H 峰都强于空白样，说明 VB3-LDH 的加入促进了水泥水化。

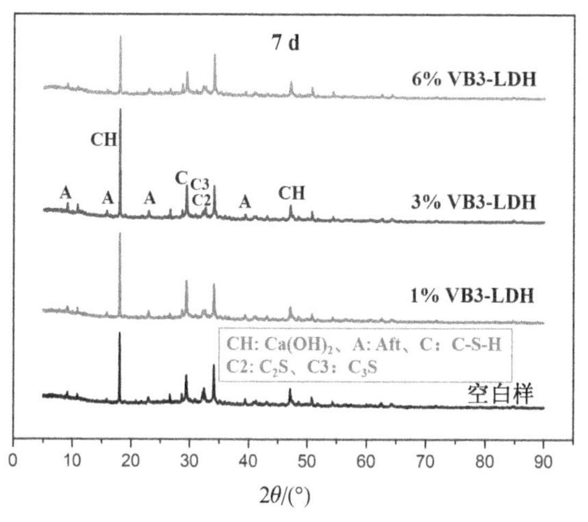

图 4.8　掺入和未掺 VB3-LDH 的水泥净浆水化 7 d 的 XRD 图谱

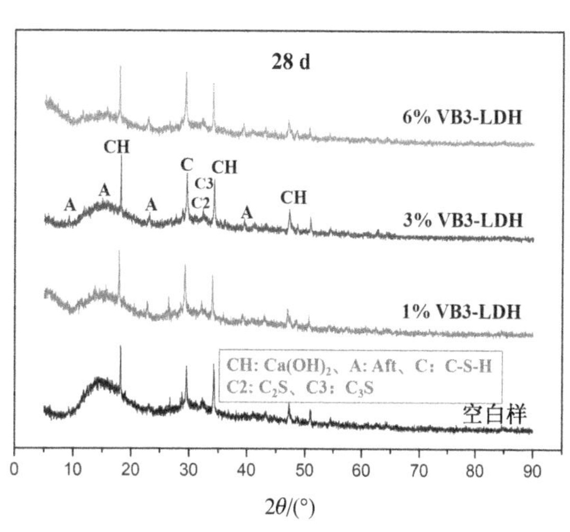

图 4.9　掺入和未掺 VB3-LDH 的水泥净浆水化 28 d 的 XRD 图谱

总的来说，VB3-LDH 的加入并未使水泥水化产生新的水化产物，但在不同的水化龄期，都能够促进水泥的水化。另外，用 XRD 来分析水泥的水化产物时一般是半定量的，要更加精确地分析 VB3-LDH 对水泥水化过程的影响规律，还需要进行进一步的定量分析。

(2) VB3-LDH 对水泥水化产物数量的影响

热分析方法是指通过记录在加热过程中材料重量和热量的变化来确定组成成分和热解特征的方法。从水泥水化后 DTG 曲线上的波峰和波谷所在温度区间及 TG 曲线反映的重量变化，可算出水泥水化产物的类别和含量。水泥净浆水化 3 d 和 28 d 后的 TG-DTG 曲线分别如图 4.10 和图 4.11 所示。可以看出，各组分的水泥净浆水化 3 d 和 28 d 的 TG 曲线分为三个阶段，DTG 曲线包含三个波谷，这说明水泥的水化产物主要分为三个失重阶段，分别在 0～200℃、400～550℃、600～800℃三个温度区间内。依据相关文献可知，0～200℃内的失重主要对应于自由水以及 AFt 和 C-S-H 的分解，400～550℃内的失重主要对应于氢氧化钙的热分解，600～800℃内的失重主要对应于碳酸钙。其中碳酸钙的出现是由于部分浆体在实验过程中不可避免地遭到碳化所致。

浆体中的氢氧化钙和碳酸钙的含量可以分别用氢氧化钙分解和碳酸钙脱碳的失重来

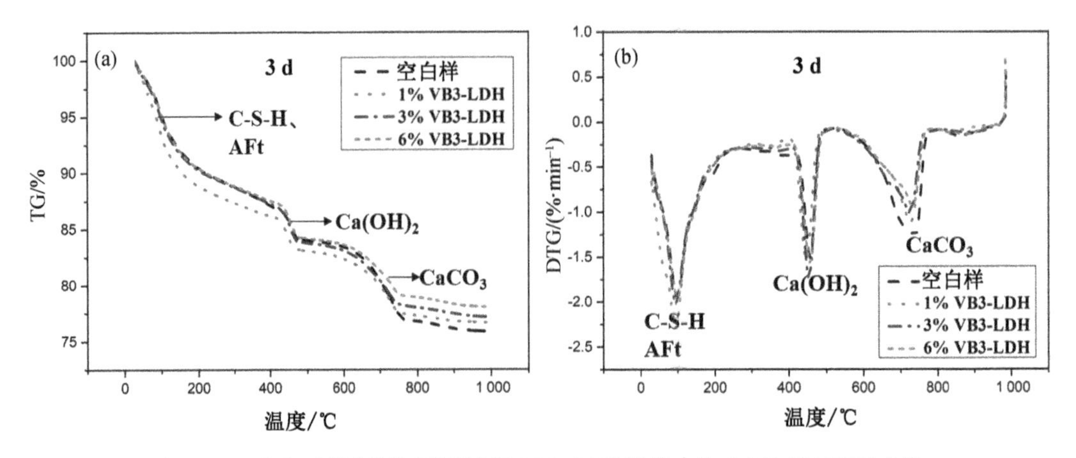

图 4.10　空白试样和添加不同掺量 VB3-LDH 净浆水化 3 d 的 TG-DTG 曲线

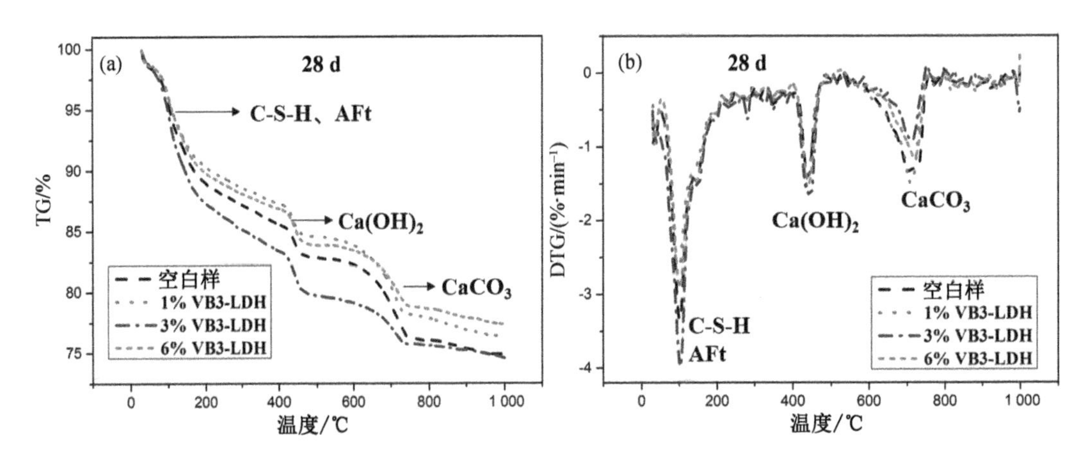

图 4.11　空白试样和添加不同掺量 VB3-LDH 净浆水化 28 d 的 TG-DTG 曲线

计算，如式(4-1)、式(4-2)[213-216]所示：

$$m_{CH}(\%) = WL_{CH} \times (74/18) \tag{4-1}$$

$$m_{CC}(\%) = WL_{CC} \times (100/44) \tag{4-2}$$

式中：m_{CH} 是测试样品中的 $Ca(OH)_2$ 含量；WL_{CH} 为 $Ca(OH)_2$ 失重；m_{CC} 是测试样品中的 $CaCO_3$ 含量；WL_{CC} 为 $CaCO_3$ 的脱碳失重；74、18、100 和 44 分别是 $Ca(OH)_2$、H_2O、$CaCO_3$ 以及 CO_2 的摩尔质量。

此外，本研究中水泥浆体中的 $CaCO_3$ 部分来源于 $Ca(OH)_2$ 的碳化作用，因此可根据 $CaCO_3$ 含量计算碳化 $Ca(OH)_2$ 含量，如式(4-3)、式(4-4)所示：

$$m_{C\text{-}CH}(\%) = m_{CC} \times (74/100) \tag{4-3}$$

$$m_{T\text{-}CH}(\%) = m_{CH} + m_{C\text{-}CH} \tag{4-4}$$

式中：$m_{C\text{-}CH}$ 是发生碳化的 $Ca(OH)_2$ 含量；$m_{T\text{-}CH}$ 是产生的 $Ca(OH)_2$ 总含量。

由于氢氧化钙作为水泥水化的主要产物之一，与水泥的水化程度呈正相关的关系，除了含有二氧化硅等具有火山灰效应的掺和料会消耗水化产物中的氢氧化钙，在其他关于水泥基材料的研究中，通常认为水化产物中氢氧化钙的含量越高，水泥的水化程度越深。

值得注意的是，本部分在计算氢氧化钙含量时，将因碳化原因转化为碳酸钙的氢氧化钙也计算入内，以提高准确性。通过以上公式可以计算，在水化 3 d 的水泥浆体中，空白样及 1%、3%和 6% VB3-LDH 的氢氧化钙含量分别是 16.3%、16.7%、17.4%、16.2%。从水化 3 d 的数据可以看出，3%掺量的 VB3-LDH 能够促进氢氧化钙的生成量，这也就表明此掺量下的 VB3-LDH 在促进水泥的水化，这与前述 FTIR、XRD 的实验结果有较好的一致性。这可能是由于 VB3-LDH 的微尺寸以及大比表面积的特性，为 C_3S 的水化提供了成核位点，进而促进了水化进程。

而水化 28 d 后，通过公式计算可知空白样和 1%、3%、6%掺量下的 CH 含量分别为 16.4%、17.7%、20.4%、17.3%。可以看出，各掺量都对 28 d 的水化程度有一定的促进作用，且掺入 3%的 VB3-LDH 后氢氧化钙含量最高，这说明 VB3-LDH 对水泥水化性能的影响与 VB3-LDH 的掺量存在密切关系。值得注意的是，在 VB3-LDH 掺量为 3%时，水化 28 d 后的水化产物中氢氧化钙含量比空白样增长了 4 个百分点，而在水化 3 d 时的氢氧化钙含量增长仅为 1.1 个百分点，这说明 VB3-LDH 对水泥水化的这种促进作用在整个 28 d 的水化过程中都持续存在。

4.3.5　VB3-LDH 对水泥浆体孔结构的影响

图 4.12(a)为水泥砂浆水化 3 d 后的总孔隙体积图，也就是水泥砂浆的累积孔隙体积。可以看出，水化 3 d 后，添加 VB3-LDH 的水泥砂浆的累积孔隙明显下降，空白样和 1%、3%、6% VB3-LDH 的孔隙率分别为 42.8%、27.4%、24.9%、40.1%。可以看出，添加 1%和 3%掺量的 VB3-LDH 孔隙率明显小于空白样，说明 VB3-LDH 的加入能够有效提升水泥基材料的早期密实性。前面的 XRD、水化热、热重等定性和定量表征的结果较好地解释了这一现象，这些手段已经证明 VB3-LDH 的加入能够有效促进水泥水化并增加水化产物的含量，进而提升了水泥砂浆内部的密实程度。根据文献报道，水泥基质中的孔隙可分为三类：第一类为凝胶孔（无害孔），直径小于 0.05 μm；第二类为微孔（危害较小），直径为 0.05～0.1 μm；第三类为大孔隙（有害孔隙），直径大于 0.1 μm。其中，有害孔过多会导致水泥基材料的力学性能及抗渗性能下降，因此一直是被关注的重点。如图 4.12(b)所示为水化 3 d 的水泥砂浆的孔径分布图，可以看出，不同试样此时的最可几孔径都远大于 0.1 μm，都属于有害孔。但随着水化过程的持续，水泥基材料的内部孔隙结构也会持续发展。

如图 4.13(a)为水化 28 d 后总孔隙体积图，可以看出，不同试样的总孔隙体积相差不

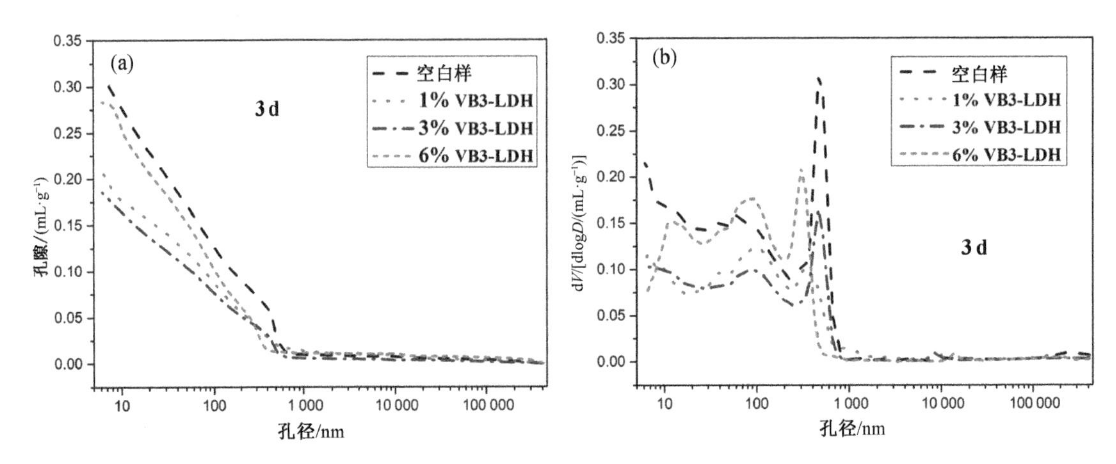

图 4.12　空白试样和添加不同掺量 VB3-LDH 净浆水化 3 d 的(a)总孔隙率和(b)孔径分布曲线

大。空白样及 1%、3%及 6%掺量的 VB3-LDH 的总孔隙率分别为 19.1%、18.3%、18.6%和 19.1%，这与水化 3 d 时的规律相差较大，主要是由于 3 d 到 28 d 期间内，随着水化的进行，水泥基体内部仍然在进一步发展所致。而从图 4.13(b)的孔径分布图可以看出，3%掺量的 VB3-LDH 能够使水泥基材料的最可几孔径负移，3%掺量的 VB3-LDH 的最可几孔径略小于 0.1 μm，而空白样的最可几孔径明显大于 0.1 μm。通过孔径分布的数据可以明确得知水泥基材料内部不同孔径的孔隙的占比。根据计算可得，空白样及 1%、3%、6%掺量 VB3-LDH 的有害孔占比分别为 38.13%、32%、24.48%、35.3%。可以看出，水化 28 d 后，VB3-LDH 对水泥基材料的总孔隙率影响不大，但是能够改善水泥基材料内部孔径分布，降低有害孔的占比。在水泥基材料中，孔径分布特征对力学性能和耐久性的影响远大于总孔隙率。因此，适当掺量的 VB3-LDH 在改进水泥基材料内部孔隙结构特征中发挥重要作用。

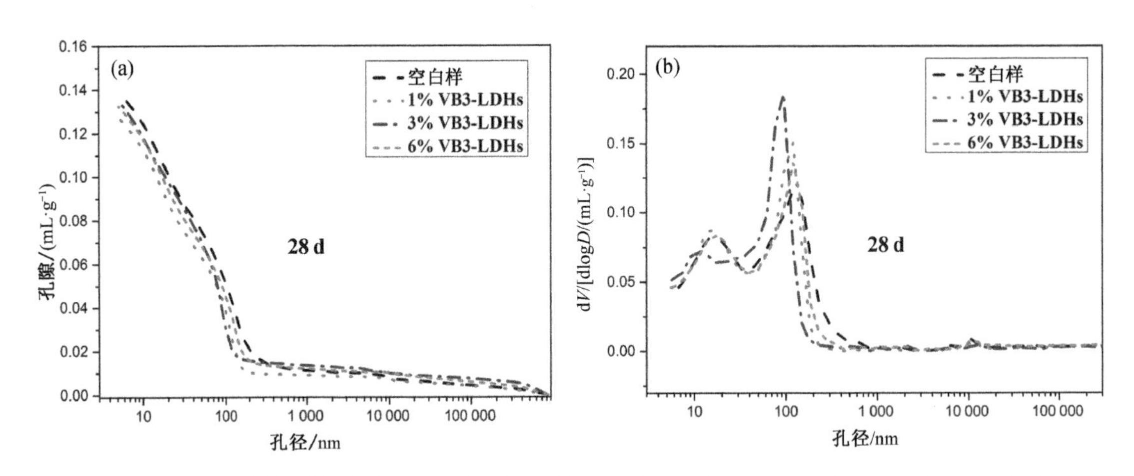

图 4.13　空白试样和添加不同掺量 VB3-LDH 净浆水化 28 d 的(a)总孔隙率和(b)孔径分布曲线

4.3.6 VB3-LDH 对水泥浆体力学性能的影响

图 4.14 为水化 28 d 后砂浆的抗折强度和抗压强度，从空白样到添加 1%、3%、6% VB3-LDH 试样的抗折强度分别为 8.32 MPa、8.5 MPa、9.5 MPa、8.9 MPa，而抗压强度分别为 39.5 MPa、40.2 MPa、43.4 MPa、37.3 MPa。可以看出，1%掺量的 VB3-LDH 对砂浆的力学性能有微弱的促进作用，但并不明显，这可能是由于掺量过低的原因；当 VB3-LDH 的掺量提升到 3%时，抗折和抗压性能相对于空白样都得到了明显的提升，提升幅度分别达到了 14.18%和 9.87%；而当掺量提升到了 6%时，抗压和抗折性能反而出现了明显的下降。通过上述微观以及力学分析，可以认为 3%掺量的 VB3-LDH 对水泥基材料的力学性能有促进作用。

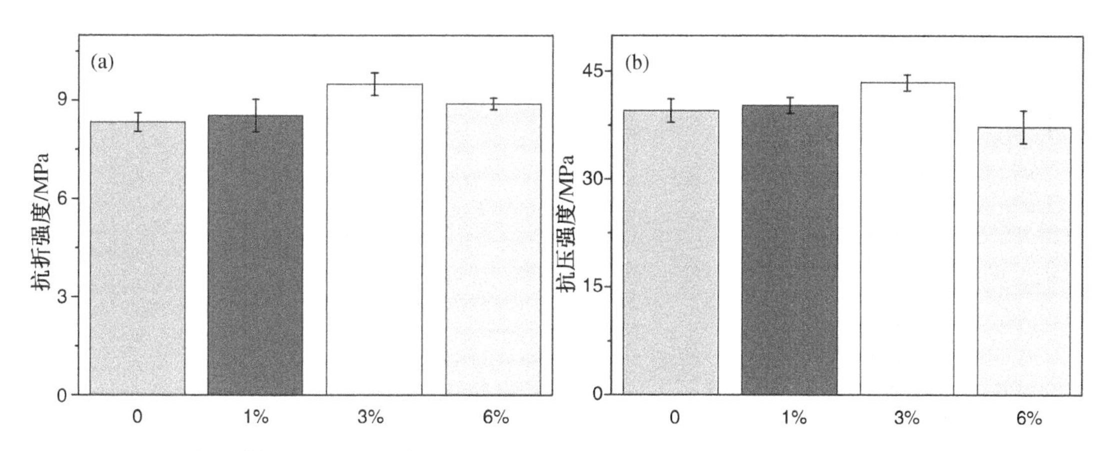

图 4.14 空白试样和添加不同掺量 VB3-LDH 砂浆水化 28 d 后的(a)抗折强度和(b)抗压强度

根据上文的压汞分析可知，这主要与 VB3-LDH 对水泥基材料的孔隙特征影响有关。VB3-LDH 虽然对水化 28 d 后总孔隙率影响不大，但是能够有效改善水泥基材料内部的孔隙结构，减少有害大孔占比，进而提升水泥基材料的力学性能。这种改善水泥基材料孔隙结构的因素主要有两方面：一是因为 VB3-LDH 具备良好的填充效应。前面的 DLS 数据表明，VB3-LDH 的颗粒粒径小于分散后的水泥颗粒的粒径，这有利于 VB3-LDH 有效填充水泥基材料内部的孔隙。二则与 VB3-LDH 对水泥水化的影响有关。XRD、水化热以及 TG-DTG 等微观分析表明，VB3-LDH 的加入虽未生成新的水泥水化产物，但是促进了水泥水化的程度，增加了水泥的水化产物。这主要是因为 VB3-LDH 为 C_3S 的水化提供了成核位点，有利于 C-S-H 更多和更加均匀地形成，进而改善水泥基材料的孔隙结构。此外，由于 VB3-LDH 具有良好的吸水性能，掺入水泥浆体的 VB3-LDH 在浆体拌和过程以及水化的早期会明显吸附部分水分至 LDH 层间，这样能使 VB3-LDH 成为水泥基材料中的一个“蓄水中心”，随着水泥水化的进行，体系中的自由水含量不断下降，当自由水含量难以维持继续水化时，VB3-LDH 层间的水分逐渐释出，以持续促进水化，起到内养护作用，进而使其在水化后期持续促进水化。虽然 VB3-LDH 对水化的促进作用对总孔隙率无明显影响，但使得水泥中部分有害孔转换为低害孔，进而对力学性能产生积极效应。此外，也有研究表明，LDH 材料在水泥基材料中能够发挥“微梁”效应[139]，这对水泥基材料的抗折强度有一定的促进作用。然而，随着 VB3-LDH 的掺量增加到 6%时，抗折和抗压性能都出现了明显的下降，这可能是因为当掺量过高时，VB3-LDH 的分散性不佳所导致的。

4.3.7 VB3-LDH 在水泥浆体中的分散效果

图 4.15 为空白试样和添加不同掺量 VB3-LDH 前后的水泥净浆的表面形貌。可以看出，在 VB3-LDH 的掺量为 1%和 3%时，浆体内部的 VB3-LDH 分散较为均匀，无明显的团聚现象。然而当 VB3-LDH 的添加量增加到 6%时，水泥浆内部充满了大量的白色斑点，这是大量团聚的 VB3-LDH，这可能是由于 VB3-LDH 的比表面积较大所导致的。这也就很好地解释了为什么 VB3-LDH 的掺量过高时，砂浆的力学性能反而下降。一方面，当 VB3-LDH 形成团聚时，其原有的微小粒径的优势散失，难以起到填充效应；另一方面，团聚的 VB3-LDH 颗粒之间的作用力远远不如水化后的水化产物之间的黏结力，而且团聚后的 VB3-LDH 与水泥浆的界面黏结力也十分脆弱，这就相当于在水泥浆体内部增加大量的超大孔，对水泥基材料的力学性能自然会造成负面效应。

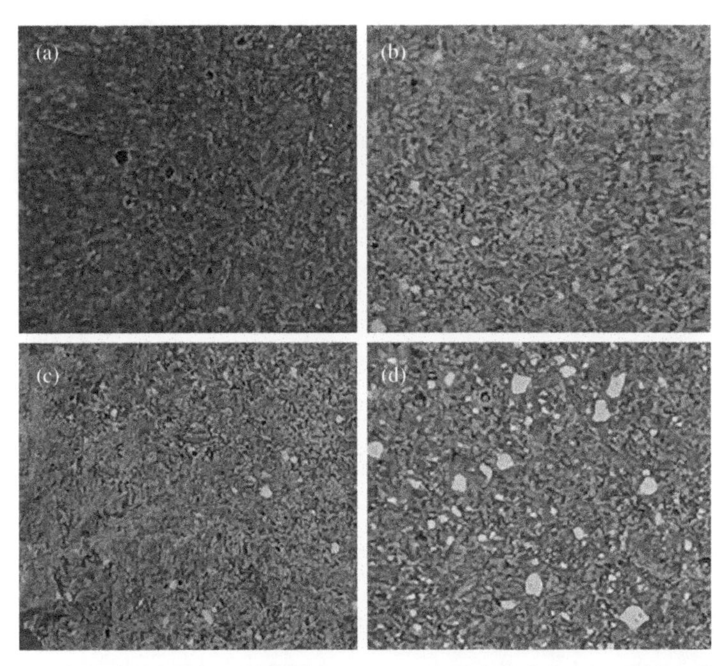

图 4.15　空白试样和添加不同掺量 VB3-LDH 水泥净浆水化 28 d 后的宏观形貌：(a) 空白样；(b) 1% VB3-LDH；(c) 3% VB3-LDH；(d) 6% VB3-LDH

4.3.8　VB3-LDH 对水泥浆体微观形貌的影响

图 4.16(a,b)为空白样水化 28 d 的 SEM 图像，从低倍数(×2 000)图片可以观察到一些絮状 C-S-H 凝胶，此外，还能观察到一些针棒状的钙矾石晶体。但从整体上可以看出，水泥浆体的表面存在大量的孔隙和裂缝。而从 SEM 的放大图(×50 000)来看，针状四周有较大的孔隙，缺乏 C-S-H 的环绕，这种疏松的结构对水泥浆体的力学性能和耐久性能都有不利的影响。图 4.16(c,d)为添加 1% VB3-LDH 的水泥浆体 SEM 图像，从放大 2 000 倍的 SEM 图像可以看出，水泥浆体的密实程度明显高于空白样；而从放大 50 000 倍的 SEM 图像可以看出，水泥浆体内部依然存在一些孔隙结构，但是相对于空白样明显更加密实。在针棒状钙矾石周围，包裹着部分 C-S-H 凝胶。而在包含 3% VB3-LDH 的水泥浆体中[图 4.16(e,f)]，无论是低倍数还是高倍数的 SEM 图像，水泥浆体都未见明显的孔隙和裂缝，内部十分密实，明显好于空白样以及掺 1% VB3-LDH 的试样。然而随着 VB3-LDH 的添加量提高至 6%掺量时，水泥浆体内部的孔隙反而增多[图 4.16(g,h)]；从高倍电镜图片可以看出，水泥浆体中的局部位置出现了大量的片层状水滑石，在这些水滑石周围几乎看不到 C-S-H 以及钙矾石、氢氧化钙等水化产物，这一方面将使浆体内部的黏结力下降，另一方面将使浆体内部应力分布不均匀，从而使整体力学性能降低。VB3-LDH 在水泥基材料中的分散状况如图 4.17 所示。

4.3.9　VB3-LDH 在水泥水化过程中的协同作用机理

通过上述微观和宏观的测试可以看出，VB3-LDH 能够促进水泥基材料的水化产物的生成，改善水泥浆体内部的孔隙结构，但不会导致生成新的水化产物。适当掺量的 VB3-LDH 能够提升水泥基材料的力学性能。结合相关的文献理论，VB3-LDH 发挥作用主要通过以下几种效应达成。

(1) 晶核效应

通常认为，在水泥基材料中，纳米级尺寸的材料能够发挥晶体成核位点的作用，水泥水化产物 C-S-H 凝胶优先沉积在晶核表面，使熟料颗粒表面的水化产物层厚度减小，从而促进水化[210, 217-218]。根据相关文献报道，纳米二氧化硅[210, 217-218]、碳纳米管[211, 219]、纳米二氧化钛[212]都具有这类作用。本书中所制备的 VB3-LDH 具备纳米级的厚度，因此可能也具备发挥晶核效应的条件。从上文中的水化热数据可以看出，加入 VB3-LDH 后水泥的水化放热增加，这正是由于 VB3-LDH 发挥晶核效应，促进了水泥的水化所致。此外，值得注意的是，在水泥浆体尤其是在砂浆环境中，拌和过程会使 VB3-LDH 出现一定的破损现象，使得颗粒变小，数量变多，因而能够提供更大的比表面积，更好地发挥晶核效应。而晶核效应的发挥也与掺量有关，从水化热数据来看，随着 VB3-LDH 掺量的增加，水化放热量也

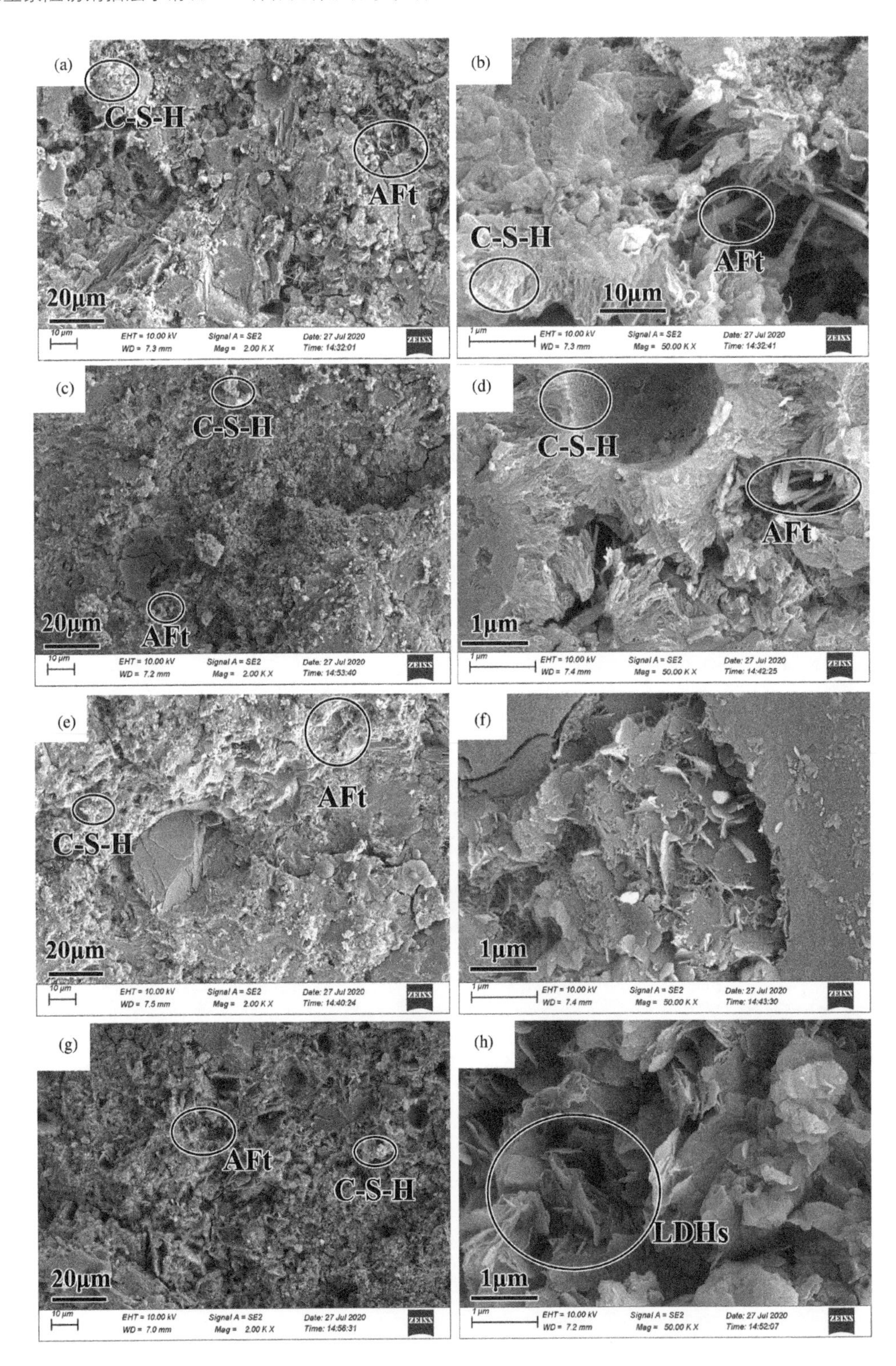

图 4.16 空白试样和添加不同掺量 VB3-LDH 砂浆水化 28 d 后的微观形貌：(a,b)空白样；(c,d)1% VB3-LDH；(e,f)3% VB3-LDH；(g,h)6% VB3-LDH(每种试样的放大倍数分别为 2 000 倍、50 000 倍)

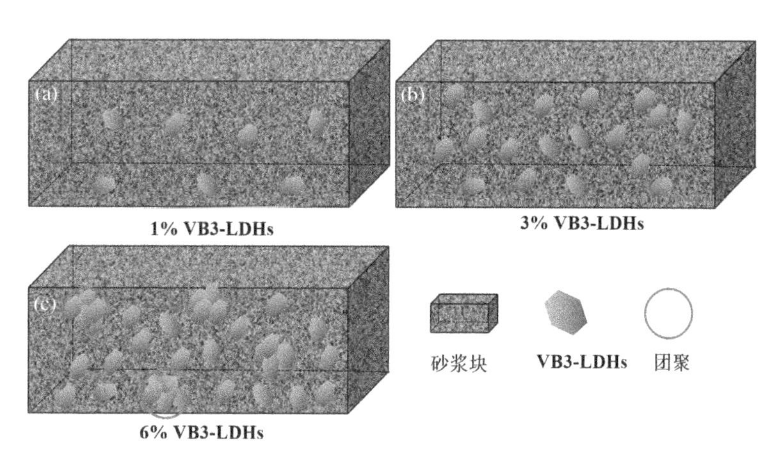

图 4.17　不同掺量的 VB3-LDH 在砂浆块中的分散情况示意图

增加，这是由于 VB3-LDH 掺量越高，单位体积的水泥基体内分布的 VB3-LDH 数量越多而导致的。然而从力学性能来看，掺量达到 6%时，力学性能反而出现了下降，这是由于掺量过高时分散不均所导致的。实际上，对于掺入水泥基材料中的细小颗粒，分散性问题始终是不可回避的重要问题，探究合理的掺量以保证理想的分散性对发挥 VB3-LDH 性能十分重要。

(2) 微集料-填充效应

通常，粒径小于 10 μm 的纳米薄片可作为水泥浆体微集料(微粒径骨料)，能有效改善水泥浆体的微观结构，提升水泥基材料的强度，这也被称为微集料效应。本书中制备的 VB3-LDH 颗粒呈薄片状，VB3-LDH 颗粒尺寸在 10 μm 以下，厚度在 20 nm 左右。从 VB3-LDH 的结构特征来看，其能够发挥出良好的微集料效应。此外，目前在混凝土研究中，发现大量的纳米颗粒如纳米二氧化硅[220-221]、纳米碳酸钙[222]、碳纳米管[223-224]等具备良好的填充性能。由于 VB3-LDH 具备纳米级的厚度，也可以有效填充水泥水化产物间的间隙，提升基体的密实性能，进而增强水泥基材料的力学性能。

(3) 内养护效应

内养护效应，通常由混凝土内具有吸水功能的材料提供，这种材料会缓慢持续地释放水分，维持混凝土内部的湿润状态[225-227]。美国混凝土协会(American Concrete Institute, ACI)认为，内养护作用通过"提前内置的吸水材料，能够有选择性地缓慢释放水分"，保持混凝土内部的湿度相对稳定，从而更大限度地减少混凝土自干燥并促进水泥水化。在之前关于流动性的研究中发现，添加 VB3-LDH 后，砂浆的流动度降低，一部分原因是在拌和过程中，LDH 层间具有良好的吸水性能导致的。事实上，VB3-LDH 在拌和过程中吸附部分水分使得其成为水泥水化过程中的"储水器"。随着水化的不断进行，当水化体系中的自由水不足以维持继续水化时，VB3-LDH 吸收的水分逐渐释放出来，持续促进水化，起到内养护作用，改善水泥基的孔隙结构(图 4.18)[228]。

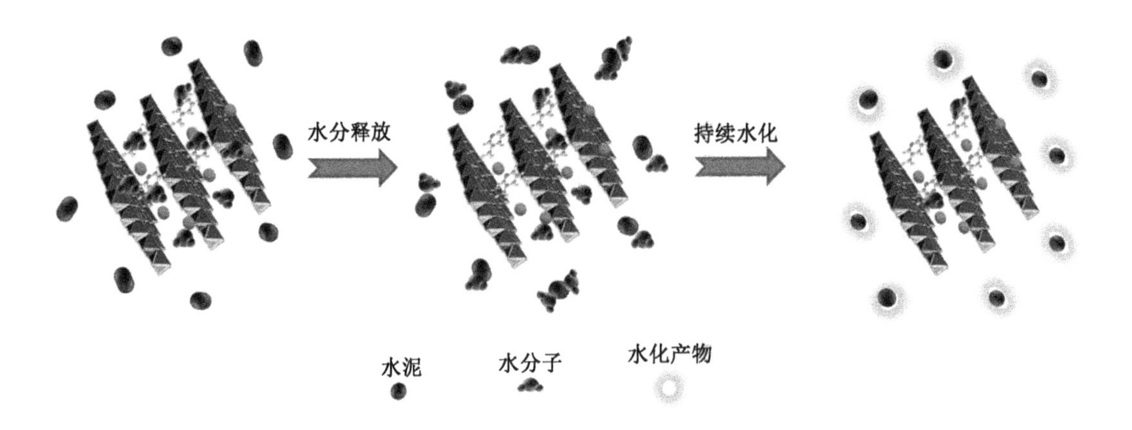

图 4.18　VB3-LDH 对水泥水化的内养护效应机理图

关于 LDH 对水泥基材料性能的影响，目前也有一些学者进行过这方面的研究，但是不同的研究中得到的结果存在着较为明显的差异。与本书中的研究结果类似，Guan 等[160]研究发现 Li-Al-LDH 能够促进水泥基材料的抗压强度。他们还发现，Li-Al-LDH 的尺寸大小对其效果的影响也十分明显，当 Li-Al-LDH 的颗粒粒径越小时，其对力学性能的提升更加明显。这也符合本部分的机理讨论，即 VB3-LDH 对水泥基材料力学性能的提升主要是由于三大效应：(1)晶核效应；(2)微集料-充填效应；(3)内养护效应。显而易见的是，LDH 的颗粒粒径越小，越有利于发挥其充填效应。而当 LDH 颗粒粒径越小时，能够在体系中引入更多的比表面积，更有利于其通过微结构特征为水泥水化提供成核位点。此外，对于相同质量的 LDH，颗粒越小意味着在相同空间内拥有更多的 LDH 颗粒，更有利于发挥上述几点效应，但是 Guan 等[160]的研究并未尝试探究 LDH 掺量的上限。

Qu 等[139]研究了 Ca-Al-NO_3 对水泥基材料性能的影响，他们的研究表明，Ca-Al-NO_3 能够促进水泥基材料的力学性能，最佳掺量为 1%。而在本研究中 1%掺量的 VB3-LDH 对水泥基材料的力学性能影响甚微，只有掺量提升到 3%时才能发挥良好的效果。这种最佳掺量的差异可能与 LDH 的种类密切相关。此外，由于本书中所使用的 VB3-LDH 由焙烧复原法制成，高温煅烧的过程可能会对 LDH 的力学性能造成影响。也有研究认为有机阻锈剂插层水滑石会使水泥基材料力学性能降低，Yang 等[154]发现，添加 5%和 10%掺量的 pab-LDH 后水泥基材料的力学性能出现了下降，这可能与其掺量过高有关。事实上，在本研究中，当 VB3-LDH 的掺量达到了 6%时，砂浆的力学性能也出现了明显的下降。

本部分研究探明了不同掺量的 VB3-LDH 对水泥基材料性能的影响规律，证实了适当掺量的 VB3-LDH 对水泥基材料的力学性能及微观结构有促进作用，为 VB3-LDH 在实际钢筋混凝土结构中的应用提供了一定的理论支持。但是本研究仅应用于砂浆环境，而在实际工程中会添加不同的外加剂和掺和料，VB3-LDH 与这些添加材料的兼容性仍然缺乏研究，在后续相关研究中应注意这方面的考量。

4.4 本章小结

本章通过一系列微观测试手段及力学性能测试，研究了不同掺量 VB3-LDH 对水泥基材料水化过程、孔隙结构及力学性能等的影响规律和机理，得到了如下结论：

(1) 相对于空白试样，掺入 VB3-LDH 后砂浆的流动性出现下降，且掺量越高，流动度下降幅度越大，这主要是因为 VB3-LDH 层间具有良好的吸水性。这种流动性的降低在可接受的范围内。

(2) 通过水化热以及 XRD、TG-DTG、MIP 等表征手段分析发现，VB3-LDH 不会改变水泥的水化产物种类，但是能促进水泥的水化，进而生成更多的水化产物。在水化早期(3 d)，VB3-LDH 能够降低水泥基材料的孔隙率及有害孔占比；在水化后期(28 d)，VB3-LDH 虽然对总孔隙率影响并不明显，但是仍然能够明显降低有害孔占比。

(3) 3%掺量的 VB3-LDH 对水泥基材料的力学性能有着明显的促进作用，在养护 28 d 时，抗折和抗压强度相对空白样分别提升了 14.18%和 9.87%，这得益于 VB3-LDH 对水泥基材料的孔隙结构的改善作用。但随着 VB3-LDH 的掺量进一步增加到 6%时，水泥基材料的力学性能反而出现下降，这主要是由于掺量过高时，VB3-LDH 在水泥基材料中的分散性降低导致的。

(4) VB3-LDH 对水泥基材料水化，微结构及力学强度等性能的提升，主要是由于 VB3-LDH 发挥了晶核效应、微集料-填充效应和内养护效应。

第五章　VB3-LDH 对砂浆中钢筋防腐性能的研究

5.1　引言

本书前几章的内容系统研究了 VB3-LDH 的制备及在模拟孔溶液中的腐蚀防护、VB3-LDH 在不同腐蚀环境下的离子置换-缓释规律，以及其在水泥基材料中的兼容性问题，已经证实 VB3-LDH 在混凝土环境中具备良好的阻锈能力及兼容性。目前常见的混凝土模拟孔溶液主要是由 NaOH、$Ca(OH)_2$ 等碱性物质配制成的碱性溶液，这类模拟液虽然具备配制简便、实验周期短、易于分析等优点，但是真实混凝土内部复杂的化学环境、孔隙结构以及相应的力学问题是难以在模拟液中体现的。要更加深入地探究 VB3-LDH 在钢筋混凝土环境中的作用机制，还需在真实的水泥基材料环境中进行研究。由于海水海砂具有成本低、易获取等特点，在建设沿海地区的钢筋混凝土工程时，常常就地使用海水海砂进行钢筋混凝土的浇筑，但这样做则不可避免地会在浇筑时向钢筋砂浆中引入氯盐，随着服役龄期的延长，这些掺入的氯盐也会导致钢筋锈蚀。为了探究 VB3-LDH 在海水海砂混凝土中的腐蚀抑制作用，本章根据使用海水海砂混凝土时的氯离子污染特点，在砂浆的拌和阶段，往砂浆中加入 NaCl。

在海洋腐蚀环境中，可从上至下分为五个腐蚀区带：大气区、浪溅区、潮差区、全浸区和海泥区[229]。国内外专家通过长期的调查研究发现，钢筋混凝土结构在不同腐蚀区带下的腐蚀速率存在明显差异，浪溅区的腐蚀情况最为严重。在浪溅区，钢筋混凝土结构遭受海水干湿交替侵蚀，氧气供应充分，盐分不断沉积、渗透，加之日照、气流等因素的共同作用，致使浪溅区的腐蚀程度约为全浸区的 3～5 倍。因此，研究 VB3-LDH 在干湿循环的腐蚀环境模式下的防腐机制具有十分重要的现实意义。

在实际的腐蚀环境中，除氯离子外，硫酸根离子也是钢筋混凝土所处环境中的一种常见的阴离子，两种离子常常会共同存在。第三章关于 VB3-LDH 的离子置换-缓释机制的研究已经充分表明了硫酸根的存在对 VB3-LDH 吸附氯离子以及释放 VB3 的规律都存在明显的影响。可以预见，这种现象也会对 VB3-LDH 在钢筋砂浆中的腐蚀抑制过程造成影响。

基于上述实际工程环境中钢筋混凝土腐蚀的特点，本章设置了内掺氯化钠、氯化钠干湿循环、氯化钠加硫酸钠干湿循环的腐蚀模式，用电化学手段表征 VB3-LDH 在不同腐蚀情况下对钢筋砂浆随着龄期变化的腐蚀规律。本章采用 SEM、TG-DTG、XRD 和 FTIR 等手段，研究 VB3-LDH 对腐蚀后砂浆内部水化产物以及结构的影响。本章结合电化学腐蚀分析以及砂浆内部成分、结构的变化，系统探究 VB3-LDH 在不同腐蚀场景下对钢筋砂浆的腐蚀抑制机制。

5.2 原材料和试验方法

5.2.1 原材料

VB3-LDH 由 2.2.2 节中的焙烧复原法（最佳制备条件下）制备。去离子水、水泥、标准砂的相关信息与 4.2.1 相同。E－44(6101)环氧树脂和二乙烯三胺同 2.2.1。氯化钠和硫酸钠同 3.2.1。Q235 钢筋购买于山东鑫盛钢材有限公司，钢筋直径为 10 mm，长度为 80 mm，钢筋成分同表 2.1。砂浆试模为普通 PVC 管，外径为 40 mm，长度为 120 mm。热缩管购买于上海卫丞商贸有限公司。全透明环氧树脂 AB 胶购买于深圳市汇德科技有限公司。

5.2.2 试验方法

（1）钢筋砂浆试件制作

钢筋处理：将钢筋在无水乙醇中超声清洗 10 min，然后用去离子水冲洗，再用吹风机快速吹干，整个过程重复两次。将钢筋顶部与铜丝焊接在一起，用热缩管封装钢筋两端，再用 E－44(6101)环氧树脂封闭热缩管与钢筋的交界处，（固化剂二乙烯三胺质量为环氧树脂质量的 8%，固化 48 h）。处理完成的钢筋试件用 400～3 000 目砂纸逐级打磨至光亮无划痕后，放入干燥器中保存。

钢筋砂浆成型：砂浆水灰比为 0.55，灰砂比为 0.4。VB3-LDH 掺量分别占水泥质量的 1%、3%、6%（如无特别注明，本章中 VB3-LDH 添加量都为其占水泥质量的百分比），VB3 掺量等同于按照 3% VB3-LDH 中包含的 VB3 质量。由于焙烧复原法合成的 VB3-LDH 存在结块现象，为便于其在水泥中的分散，应先将 VB3-LDH 碾细、分散，并通过 80 μm 筛。砂浆拌和过程如下：先将水泥和 VB3-LDH 粉末在塑料杯中搅拌分散均匀，然后将混合粉末倒入搅拌锅中搅拌，再加入去离子水，先在低速模式下搅拌 30 s，然后在第二个 30 s 进行的同时快速加入标准砂，停拌 90 s，将附着在搅拌器和锅壁上的胶砂刮下，继续在高速模式下搅拌 60 s，将砂浆倒入试模中（钢筋砂浆制备及测试过程如图 5.1 所示，砂浆内部结构及各部分尺寸如图 5.2 所示）。

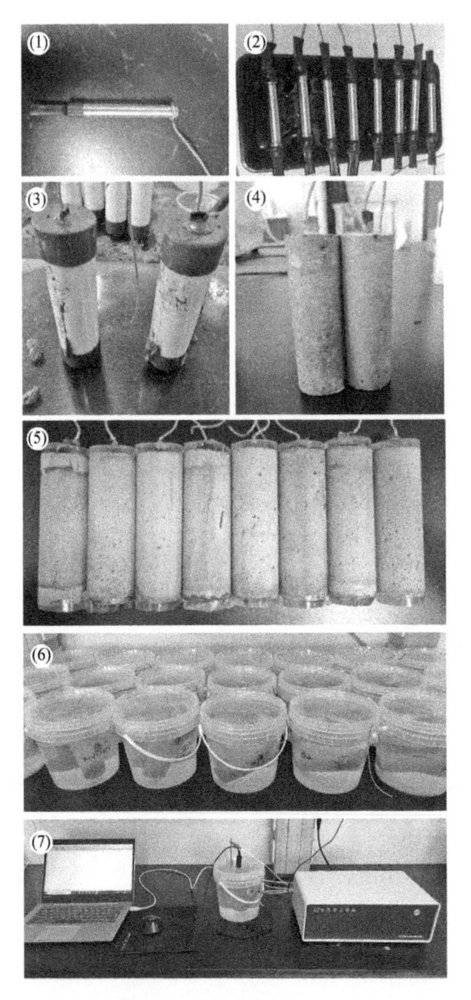

图 5.1　钢筋砂浆的制备及测试过程：(1)热缩管封装、铜线焊接；(2)环氧封装热缩管和钢筋的接缝处；(3)钢筋砂浆的成型过程；(4)养护完成的钢筋砂浆试件；(5)在两端进行环氧树脂封装后的钢筋砂浆；(6)钢筋砂浆的浸泡过程；(7)电化学测试过程

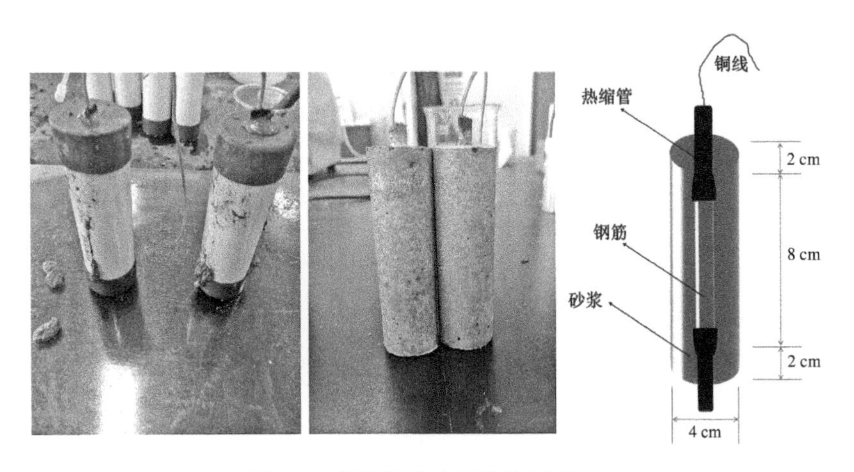

图 5.2　钢筋砂浆内部结构示意图

由于本实验中所采用的试模为小型圆管试模，在具体的操作过程中，容易出现以下问题：①振捣过程容易使钢筋位置移动，偏离砂浆的中心位置，若振捣后重新将钢筋移回中心位置，又容易在砂浆和钢筋界面处出现缝隙；②振捣过程会使大量砂浆从试模上端溢出。基于上述2个主要问题，我们设计了图5.1(3)中的装置：选择两个尺寸合适的塑料盖，在盖中间加工出两个长方形小孔(小孔尺寸与黏合后的热缩管两端相匹配)，灌砂浆前先在试模底端加盖，灌满砂浆后，再将上端的盖子加上，以固定钢筋位置。振动后将上盖揭开，放入温度为20 ℃、湿度为97%的养护箱中养护24 h后拆模，拆模后继续在此条件下养护28 d。为了保证钢筋受氯离子侵蚀的不同部位受到的离子侵蚀均衡，将养护28 d的钢筋砂浆试样晾干后，在钢筋砂浆的两端封上约0.4 mm的环氧树脂(此处采用的是环氧树脂AB胶，将A和B两种胶体按照1∶1的体积比混合，搅拌均匀)，以防止侵蚀溶液从两端尤其是热缩管与砂浆缝隙中渗入。待环氧树脂在室温下固化48 h后，将钢筋砂浆正式放入溶液中浸泡，展开干湿循环实验。

(2) 干湿循环试验

VB3-LDH在钢筋砂浆中的防腐性能测试主要模拟两种氯化钠侵蚀的途径：一种是根据海水海砂混凝土的特点，在钢筋砂浆成型时掺入6% NaCl；另一种则是氯化钠溶液干湿的腐蚀模式，以模拟海洋浪花飞溅区干湿循环的腐蚀情况。在干湿循环试验中，氯化钠浓度分别设置为3.5% NaCl(以下简称3.5C)以及6% NaCl(以下简称6C)，以模仿正常海水浓度以及高浓度腐蚀的情况。氯化钠和硫酸钠复合侵蚀采用干湿循环的侵蚀模式，设置了两个浓度：3.5% NaCl+3.5% Na_2SO_4(以下简称3.5CS)以及6% NaCl+6% Na_2SO_4(以下简称6CS)(如无特别注明，本章中NaCl和Na_2SO_4浓度都为其质量占水质量的百分比)。

干湿循环试验的具体模式为：在溶液中浸泡16 h，然后在80 ℃烘箱中烘5 h(从升温到取出试块)后取出，同时为防止激冷激热导致的温度应力，将试件自然冷却3 h后，再浸泡到溶液中，上述过程为一个循环。每隔3 d测试一次OCP和EIS，每隔14 d更换一次全新的溶液，以保证溶液中的离子浓度不变。每种成分的砂浆试块都独立采用统一规格塑料桶单独浸泡，以防止不同样品相互干扰，每份浸泡溶液的体积都是2 L。

(3) 电化学测试

电化学测试所使用的测试设备为上海辰华仪器有限公司CHI660E电化学工作站，采用传统三电极系统，饱和甘汞电极作为参比电极，铂片电极作为对电极，砂浆中的钢筋作为工作电极。测试温度为(25±1)℃。电化学测试选择在浸泡时进行，每3 d测试一次。测试EIS前，先测试开路电位(OCP)，直至OCP稳定至5 min内开路电位变化的幅度小于2 mV。其测量采用的激励信号为正弦波，振幅为10 mV，扫描频率范围为10～100 kHz。

(4) 微观分析

XRD：由于在此处使用的是砂浆试样，为防止二氧化硅对测试结果造成干扰，进行

XRD分析时,将砂浆试样碾成粉末后,用80 μm筛过滤3次,将过筛后的粉末在42 ℃下烘12 h,送样进行XRD检测,检测仪器型号及相关参数同上文4.2.2节。FTIR:FTIR测试仪器为Thermo Scientific Nicolet iS5傅里叶变换红外光谱仪,将烘干后的水泥净浆碾成粉末,利用KBr压片,在400～4 000 cm^{-1}进行扫描。SEM:SEM测试仪器为日本电子JSM-7800F热场发射扫描电子显微镜,拍摄倍数为10 000倍。SEM制样及测试过程同4.2.2节。XPS:为了取样和测试的方便,制备了与电化学测试试样相同配合比的砂浆试样,采用尺寸为10 mm×10 mm×2 mm的Q235钢片取代钢筋试样,与钢筋砂浆试样进行同步腐蚀,到预定龄期后取出钢片进行XPS测试。XPS测试仪器为Thermo Scientific ESCALAB 250Xi型X射线光电子能谱仪,采用Al Kα线源,测试结果使用C1s信号(284.8 eV)进行校准,采用XPSpeak41软件对测试数据进行分峰。其他未标明的仪器型号和测试参数与上文中一致。

5.3 结果与讨论

5.3.1 VB3-LDH在内掺NaCl砂浆中的防腐性能

5.3.1.1 电化学阻抗谱

在砂浆环境中,Nyquist图中高频区反映砂浆以及孔隙液的阻抗,对应的,在波特(Bode)图中为频率和模值曲线斜率为零且相位角接近0°的位置[230];中频区反映钢筋与砂浆界面电容信息,在Bode图中对应的是阻抗模值曲线倾斜角接近−1°且相位角接近−80°的区域[231];低频区反映的是电化学反应中的电荷转移电阻,Bode图中对应阻抗模值出现平台且相位角趋向0°的区域[232]。阻抗谱Nyquist图上中低频区容抗弧的半径大小和Bode图上相位角的大小可以定性地表征腐蚀速度的大小,半径越大,相位角越大,钢筋的腐蚀速度越小。而本书为了避免测试持续时间过长而引起试样内部发生较大变化,测试频率范围设定为10 mHz～100 kHz。

从图5.3可以看出,在测试3 d时,所有试样的Nyquist曲线都由高频区的小容抗弧和中低频区的大容抗弧组成。空白样的容抗弧半径最小,纯VB3的容抗弧稍大,但3% VB3-LDH的容抗弧最大,这说明纯VB3和VB3-LDH在砂浆环境中都具备一定的腐蚀抑制的效果。值得一提的是,这里所标注的3 d是指将钢筋砂浆试样放入去离子水中浸泡测试的时间。而在这之前,钢筋已经在包含6%氯化钠的砂浆中养护了28 d,这也就很好理解为什么早在3 d的时候纯VB3和VB3-LDH就体现出了防腐效果。而6%掺量VB3-LDH的容抗弧明显小于3%掺量的,这与上一章中不同掺量VB3-LDH对水泥基材料性能的影响是一致的，由于过高掺量的 VB3-LDH 在砂浆中的分散性不佳，容易形成一些大孔甚至是裂缝，使氯离子更容易渗入钢筋表面。

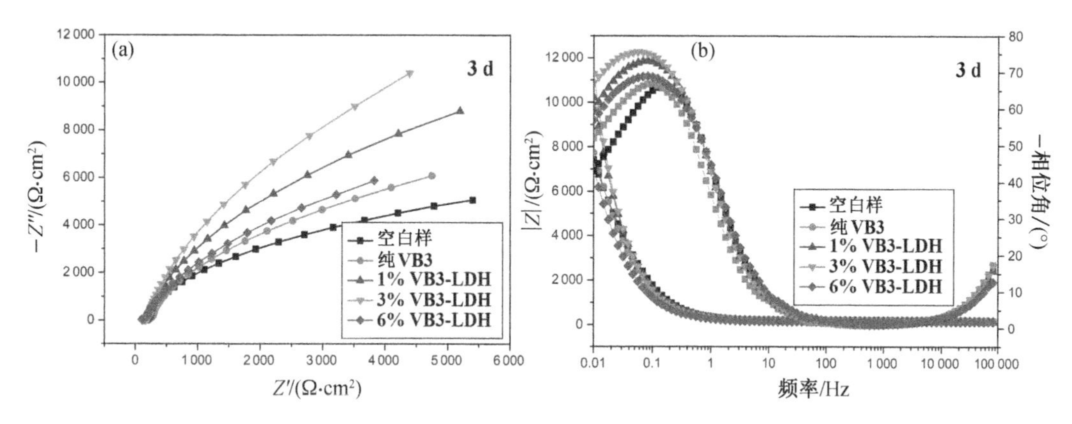

图 5.3　内掺 NaCl 的钢筋砂浆试样在水中浸泡 3 d 后的(a)Nyquist 图和(b)Bode 图

在腐蚀测试 7 d 时(图 5.4)，1%和 3%掺量 VB3-LDH 容抗弧直径最大，说明这两种情况下防腐效果都优于其他情况。从测试 7 d 开始，空白样的高频区保持了容抗弧特征，但是低频区出现了一条倾斜角为 45°左右的直线，这是瓦尔堡(Warburg)扩散阻抗，表明这一区域出现了物质传递控制(扩散控制)，说明整个区域由电荷转移过程和扩散过程共同控制。事实上，在不可逆的电极过程中，邻近电极表面反应物的浓度与溶液中的反应物浓度存在较大差异，因此存在一个溶液中的反应物向电极表面扩散的过程，这个扩散过程也会在电化学阻抗谱上得到体现。相应地，若电极反应速率快，则会有电极反应产物向溶液本体扩散。除了出现扩散特征外，此时的容抗弧相对于测试 3 d 时也明显减小，结合这两个特征可以认为，此处的 Warburg 阻抗是钢筋表面的腐蚀产物向砂浆孔溶液中扩散所引起的，这说明在测试 7 d 后，空白样内部的钢筋腐蚀加重。14 d 的 EIS 规律与 7 d 相比无明显变化(图 5.5)。

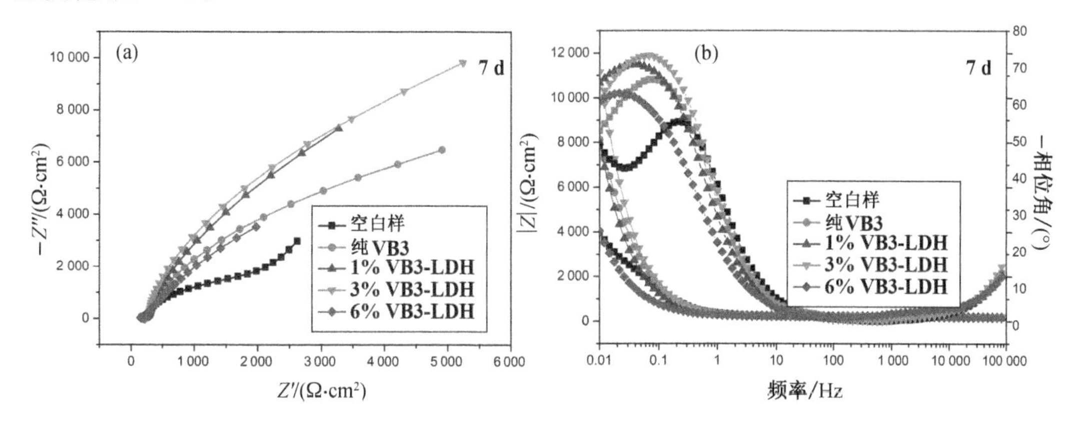

图 5.4　内掺 NaCl 的钢筋砂浆试样在水中浸泡 7 d 后的(a)Nyquist 图和(b)Bode 图

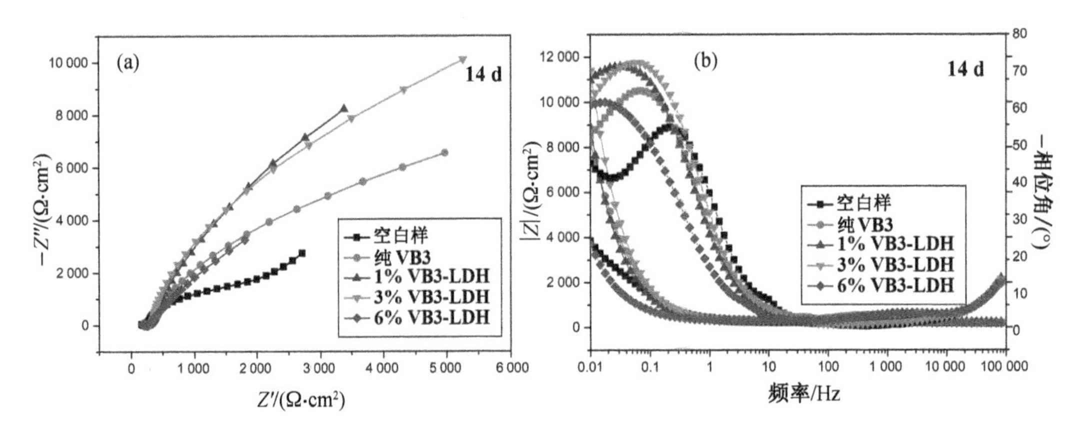

图 5.5 内掺 NaCl 的钢筋砂浆试样在水中浸泡 14 d 后的(a)Nyquist 图和(b)Bode 图

在第 28 d(图 5.6),1%和 3%掺量 VB3-LDH 的容抗弧的半径和模值以及相位角的数值都比较接近,且都明显优于在纯 VB3 以及 VB3-LDH 中,表明其防腐性能相近。这与上一章关于 VB3-LDH 对水泥基材料自身性能影响的研究结论存在一些差异,在后续对电化学拟合数据的分析中,将会结合这方面的内容进一步讨论。此外,在此时,纯 VB3 的容抗弧的弧形特征被轻微破坏,这可能与钢筋表面钝化膜及有机膜的逐步降解有关。

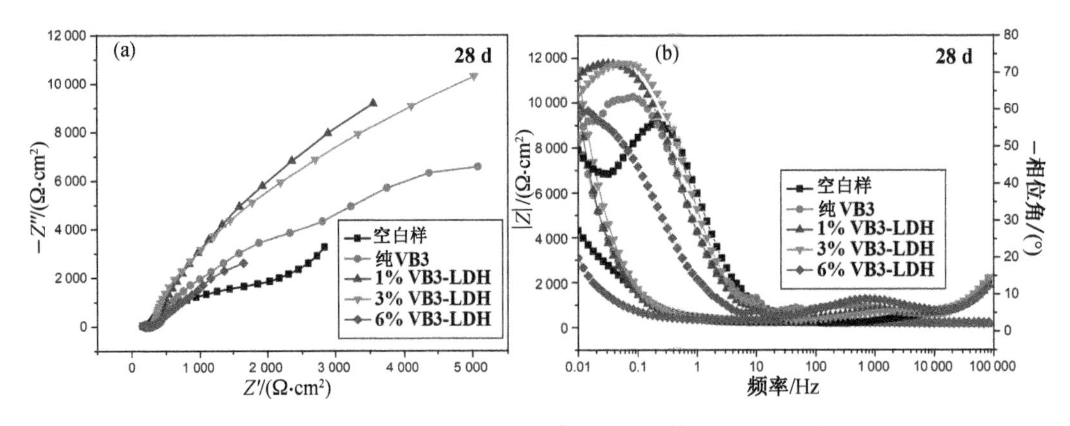

图 5.6 内掺 NaCl 的钢筋砂浆试样在水中浸泡 28 d 后的(a)Nyquist 图和(b)Bode 图

在腐蚀测试 60 d 以后(图 5.7),3% VB3-LDH 的容抗弧直径明显大于 1%掺量的,相位角和模值也呈现了类似的规律。纯 VB3 及 6%掺量 VB3-LDH 的容抗弧半径大幅度降低,甚至低于空白样。此外,在这一龄期时,纯 VB3 以及 6%掺量 VB3-LDH 的 Nyquist 图上也出现了明显的 Warburg 扩散阻抗的特征。与此同时,1%和 3%掺量的容抗弧特征也发生了改变,低频区的大弧和中频区的小弧都变得特别明显。总的来说,从上述 EIS 谱图中可以得出初步结论:在内掺氯化钠的情况下,VB3-LDH 的防腐效果与其掺量密切相关,VB3-LDH 对钢筋的防腐能力明显优于纯 VB3,且在长期腐蚀环境中,VB3-LDH 的防腐优势更加明显。

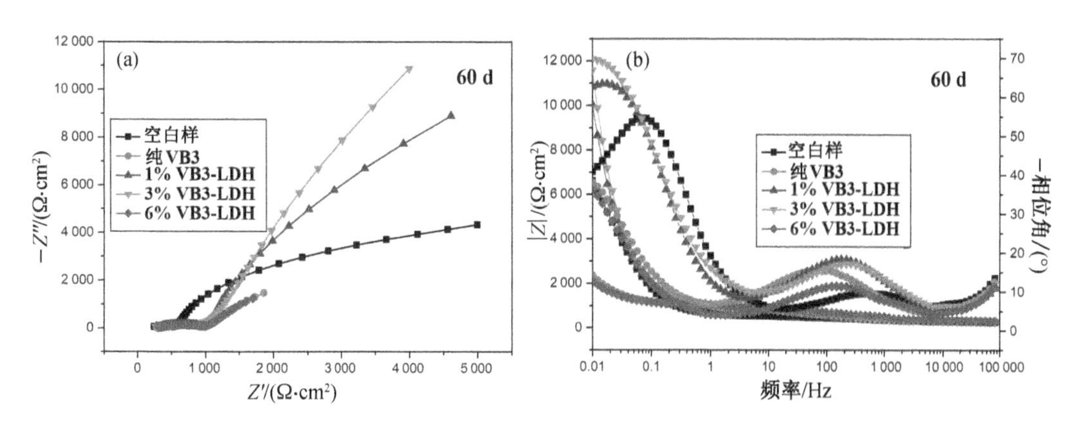

图 5.7 内掺 NaCl 的钢筋砂浆试样在水中浸泡 60 d 后的(a)Nyquist 图和(b)Bode 图

一般来说,通过观察阻抗复平面半圆弧的数量就能确定出时间常数的个数。对于一些典型情况,很容易由谱图形状确定所包含半圆的个数,即时间常数的个数。但是由半圆数量确定时间常数存在一些限制,如有时阻抗图谱中的圆弧可能并不完整,两个圆弧之间也未必存在明显的界线。此外,当两个圆弧的大小差异很大的情况下,更小的圆弧可能很难被观察到。因此,判断时间常数时,还应结合具体的体系环境以及相关经验做判定。

可以看出,各个龄期下 Nyquist 图中的圆弧都不是标准的半圆,这意味着钢筋/砂浆的界面不具备标准电容器件的特征。对于一般电化学体系来说,电极/电解质界面可能存在电容。而对水泥净浆、砂浆及混凝土来说,由于水泥的水化作用产生了 C-S-H 凝胶,在 C-S-H 凝胶中存在大量自由电荷(它们大多是由于离子分布不均匀造成的)。因此,除了电极/电解质界面的双层电容以外,还存在 C-S-H 凝胶中自由电荷引起的电容。此外,砂浆中的钢筋表面不可能是绝对光滑的,且随着服役龄期的延长,钢筋表面会出现点蚀坑。因此,钢筋混凝土环境中双电层的阻抗行为与等效电容的阻抗行为并不完全一致,而是有一定的偏离[233-234]。这种现象一般被称为“弥散效应”。因此,在本体系的拟合中,统一采用常相位角元件 Q 来替换纯电容 C 对 EIS 数据进行拟合。常相位角元件 CPE 可用式(5-1)进行定义[235]:

$$Q=Y_0(\mathrm{j}\omega)^n \tag{5-1}$$

式中: Q 代表常相位角元件,用此代表非理想型电容;Y_0 代表常相位角元件常数(CPE 的导纳模量);j 代表虚数单位; ω 代表角频率 ($\omega=2\pi f$,f 为 AC 频率);n 是弥散系数 ($0<n\leqslant 1$)。

基于上述讨论以及对不同电路的尝试,本部分研究选择 $R(Q(R(QR)))$(图 5.8) 电路作为拟合电路,采用包含两个时间常数

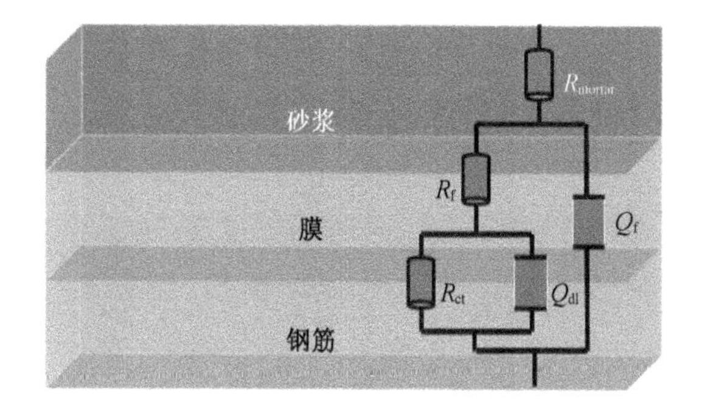

图 5.8 本部分研究采用的用于 EIS 数据拟合的等效电路

的等效电路拟合钢筋砂浆的 EIS 数据。在该等效电路中，电路元件的物理意义如下：R_{mortar} 表征的是砂浆电阻，和砂浆的性质有关，第一个时间常数（R_f 和 Q_f）反映的是钢筋表面产物膜的量及其致密程度，第二个时间常数（R_{ct} 和 Q_{dl}）代表钢筋表面的物理化学反应，其中 R_f 代表膜层电阻，R_{ct} 代表钢筋表面的电荷和物质转移过程。采用 ZSimpWin 软件进行电化学阻抗谱拟合，最终拟合结果误差值低于 10%，卡方值低于 10^{-4}[236]。

从 R_{mortar} 的拟合数据（表 5.1）可以看出，对于空白样，随着浸泡龄期的增长，砂浆的阻抗值出现了小幅度的增长，在测试 3 d 时 R_{mortar} 值为 181.3 $\Omega \cdot cm^2$，而测试 28 d 时 R_{mortar} 值达到了 289.2 $\Omega \cdot cm^2$，这表明水泥基体的结构变得更为致密。这可能是由于以下两方面的原因引起的：一方面是因为随着砂浆在水中的持续浸泡，仍然有部分水泥继续水化，进而产生更多的水化产物，起到填充砂浆内部孔隙、减少连通孔的效果。相关研究表明，水泥净浆水化 60 d 后的氢氧化钙产量比水化 28 d 后高出了 7 个百分点。另一方面，由于在拌和的过程中掺入了氯化钠，氯化钠会与水泥浆体反应生成 Friedel 盐[237]，这也会导致砂浆的孔隙结构变得更为密实。对于纯 VB3 试样，可以看出其 R_{mortar} 值也呈现与空白样相似的规律，随着浸泡时间的延长，R_{mortar} 值也呈现一定的增长规律。但值得注意的是，在纯 VB3 试样中，R_{mortar} 值明显小于空白样，这可能是由于纯 VB3 直接加入砂浆环境中延缓了水泥基体的早期水化造成的。

在第四章关于 VB3-LDH 对水泥基材料水化过程以及力学性能影响的研究中就发现，VB3 - LDH 的不同掺量对水泥基材料影响的差异比较大。综合来看，3% 掺量的 VB3-LDH 对水泥基材料的水化和结构特征改善效果最佳。从 EIS 图谱中也能定性地看出，3% VB3-LDH 的防腐能力最佳。因此，在对掺有 VB3-LDH 的电化学拟合数据进行具体分析时，重点针对 3% 的掺量进行分析。可以看出，在 3% VB3-LDH 掺量下，R_{mortar} 的值都高于空白样以及纯 VB3 试样，说明在此掺量下的砂浆孔隙结构相对于空白样和纯 VB3 试样都更加密实，这一点也验证了第四章中对水泥净浆中的压汞分析得出的结论。此外，在含有 VB3-LDH 的试样中，R_{mortar} 值也随着浸泡时间的延长而增长。值得注意的是，在 6% VB3-LDH 中，R_{mortar} 值低于所有试样，这与上一章关于 VB3-LDH 得到的结论有较好的一致性：主要是由于 VB3-LDH 的掺量过高时容易形成团聚，致使在浆体内部容易出现大孔和微小裂缝，降低浆体的阻抗。

弥散系数 n 代表工作电极表面的粗糙程度，当 n 在 0～1 范围内时，说明 Q 代表的是非理想型电容，这是由于粗糙的电极表面引起的。当 $n=1$ 时，说明此时 Q 为纯电容；当 $n=0$ 时，Q 为纯电阻。与电荷转移过程有关的 n_{ct} 值，其值越小说明电极表面越粗糙[238]。对于空白样，在浸泡的初期 n_{ct} 就出现明显的下降，在 7 d 龄期时 n_{ct} 值为 0.71，到 28 d 和 60 d 龄期时 n_{ct} 值分别降低至 0.68 和 0.65。这说明从测试初期到末期，钢筋的表面在持续变得更加粗糙，结合 EIS 谱图的数据规律，可以发现这种粗糙度增加的原因是由于钢筋表面在

表 5.1　内掺 NaCl 氯化钠的钢筋砂浆的 EIS 拟合数据

	t/d	R_{mortar} /(Ω·cm²)	$Y_0(Q_{dl})$ /(Ω⁻¹·sⁿ·cm⁻²)	n_{ct}	R_{ct} /(Ω·cm²)	$Y_0(Q_f)$ /(Ω⁻¹·sⁿ·cm⁻²)	n_f	R_f /(Ω·cm²)	R_p /(Ω·cm²)
空白样	3	181.3	2.13×10^{-5}	0.73	7 095.2	3.02×10^{-6}	0.62	235.6	7 512.1
	7	197.2	2.45×10^{-5}	0.71	5 639.5	3.25×10^{-6}	0.60	277.3	6 114.0
	14	221.7	2.26×10^{-5}	0.69	4 715.1	3.15×10^{-6}	0.58	332.6	5 269.4
	28	289.2	3.80×10^{-5}	0.68	4 638.4	4.70×10^{-6}	0.57	365.9	5 293.5
	60	296.8	3.7×10^{-5}	0.65	5 226.0	4.61×10^{-6}	0.54	354.9	5 877.7
纯 VB3	3	154.0	1.63×10^{-5}	0.77	11 102.5	2.61×10^{-6}	0.66	338.6	11 595.1
	7	179.0	1.68×10^{-5}	0.78	11 483.7	2.56×10^{-6}	0.67	423.9	12 086.6
	14	196.0	1.73×10^{-5}	0.76	11 149.9	2.61×10^{-6}	0.65	447.8	11 793.7
	28	225.0	1.75×10^{-5}	0.73	10 348.1	2.63×10^{-6}	0.62	494.7	11 067.8
	60	257.0	3.95×10^{-5}	0.63	1 778.7	4.73×10^{-6}	0.52	570.7	2 606.4
1% VB3－LDH	3	379.0	1.35×10^{-5}	0.82	17 378.4	2.32×10^{-6}	0.71	433.8	18 191.2
	7	411.0	1.44×10^{-5}	0.85	17 176.9	2.31×10^{-6}	0.74	467.2	18 055.1
	14	464.2	1.39×10^{-5}	0.79	17 743.7	2.26×10^{-6}	0.68	397.5	18 605.4
	28	489.8	1.06×10^{-5}	0.86	19 779.6	1.94×10^{-6}	0.75	547.8	20 817.2
	60	492.9	1.82×10^{-5}	0.80	15 376.4	2.79×10^{-6}	0.69	609.3	16 478.6
3% VB3－LDH	3	448.1	1.22×10^{-5}	0.85	18 306.1	2.10×10^{-6}	0.74	253.5	19 007.7
	7	475.5	1.25×10^{-5}	0.86	18 587.4	2.00×10^{-6}	0.77	275.8	19 338.7
	14	529.0	0.9×10^{-5}	0.87	17 818.3	1.82×10^{-6}	0.76	315.8	18 663.1
	28	560.6	1.18×10^{-5}	0.88	18 429.0	2.03×10^{-6}	0.77	298.5	19 288.1
	60	540.4	0.88×10^{-5}	0.88	20 916.5	1.43×10^{-6}	0.77	349.8	21 806.7
6% VB3－LDH	3	145.3	1.81×10^{-5}	0.82	12 239.3	2.77×10^{-6}	0.71	195.8	12 580.4
	7	166.7	3.11×10^{-5}	0.77	7 525.6	3.97×10^{-6}	0.66	223.6	7 915.9
	14	199.6	3.25×10^{-5}	0.73	7 068.2	4.01×10^{-6}	0.62	187.6	7 455.4
	28	239.6	4.45×10^{-5}	0.65	4 000.0	5.31×10^{-6}	0.54	165.3	4 404.9
	60	252.2	3.63×10^{-5}	0.63	2 966.3	5.21×10^{-6}	0.52	175.9	3 394.4

不断地发生腐蚀。此处的腐蚀速度要快于一些文献报道的数据[91, 239]，主要原因是由于本书为了模拟使用海水海砂浇筑混凝土的情况，在钢筋砂浆成型的过程中，就已经掺入了6%的NaCl。而对比文献中的研究都是采用NaCl溶液持续浸泡。

对于纯VB3试样，在前14 d n_{ct}值基本未改变，表明在这一期间钢筋的表面状态改变不明显，这是由于VB3的吸附成膜效应起到一个保护作用。但是在14 d以后，n_{ct}值持续下降，到60 d时已经降至0.63，这可能是由于在14 d后钢筋表面开始出现点蚀引起的界面粗糙所致。对于3% VB3-LDH，在整个测试龄期，n_{ct}值无明显变化，这说明在这一期间钢筋表面较为稳定，VB3-LDH对于钢筋的腐蚀有良好的保护作用。结合本书第三章中VB3-LDH对氯离子的置换规律以及第四章中其对水泥基材料性能影响的研究，可以将VB3-LDH抑制砂浆的腐蚀归结为两方面的原因：一方面归因于VB3-LDH在缓释阻锈剂的同时置换氯离子的协同作用，另一方面是由于VB3-LDH对于水泥浆体孔隙结构的改善作用。值得注意的是，在整个腐蚀测试的龄期内，1%和3% VB3-LDH的n_{ct}值都大于空白样和纯VB3试样。与空白样类似，6% VB3-LDH的n_{ct}值从7 d起就开始持续下降，在60 d时降至0.63，这一点在前文已经提及，是由于VB3-LDH掺量过高导致的分散性不佳所引起的。

$Y_0(Q_f)$值代表钢筋表面钝化/吸附膜层性质的变化规律[240-242]。在所有测试的样品中，空白样的$Y_0(Q_f)$值明显较大，测试60 d时$Y_0(Q_f)$值达到了$4.61\times10^{-6}\ \Omega^{-1}\cdot s^n\cdot cm^{-2}$，说明在钢筋表面没有形成一个完整和稳定的钝化膜。这主要是因为在钝化膜逐渐形成的过程中，同时又不断受到氯离子的侵蚀。对于纯VB3，在测试前28 d时，$Y_0(Q_f)$值明显低于空白样，表明其表面保护膜的完整性高于空白样，这种促进作用来自VB3有机分子的吸附成膜。这说明在氯离子侵蚀的环境下，VB3也能在钢筋表面形成有机膜，起到一定的防止氯离子侵蚀的作用。但在60 d后，其$Y_0(Q_f)$值明显增大，说明钢筋表面的保护膜遭到了破坏。1%和3%掺量的VB3-LDH的试样$Y_0(Q_f)$值最小，说明其表面成膜最稳定。这得益于VB3-LDH在释放阻锈剂的同时还能有效地固化氯离子，降低环境对保护膜的破坏。此外，VB3-LDH对砂浆结构的改善作用有助于提高氯离子的传输难度，降低钝化膜被破坏的概率。6%掺量VB3-LDH的$Y_0(Q_f)$值随着浸泡龄期的延长而增大，且其在60 d时的$Y_0(Q_f)$值高于空白样，说明钢筋表面膜的状态较差。

通常，金属电化学腐蚀理论认为极化电阻R_p值的大小可以在一定程度上反映金属表面腐蚀的严重程度，R_p值越大，金属表面腐蚀电化学反应难度越大，金属抗腐蚀性能越强。在本书的钢筋-砂浆体系中，极化电阻R_p值为砂浆电阻R_{mortar}、膜层电阻R_f和电荷转移电阻R_{ct}之和。对于空白样，其R_p值在不同腐蚀龄期下的都较低，在8 000 $\Omega\cdot cm^2$以下，明显低于纯VB3和VB3-LDH。这是由于在拌和钢筋砂浆时就掺入了高浓度的氯化钠，致使在钢筋表面难以形成稳定的钝化膜，钢筋表面易锈蚀。对于纯VB3，在前28 d，R_p值保持了较高的稳定性，维持在 11 000 Ω·cm² 左右，明显高于空白样。这说明 VB3 在前 28 d 有着一定的腐蚀抑制作用。但是在 28 d 后 R_p 值开始下降，到 60 d 时 R_p 值已经降低至 2 606.4 Ω·cm²，甚至低于空白样，说明纯 VB3 在 28 d 后防腐能力出现了明显的下降。在各个龄期，1%和 3%掺量 VB3-LDH 的 R_p 值都明显高于其他样品。在前 28 d，3% VB3-LDH 的 R_p 值未明显高于 1%的 VB3-LDH。而在 60 d 时，3% VB3-LDH 的优势变得较为明显，这说明 3%掺量的 VB3-LDH 具有最佳的防腐效果，且随着腐蚀龄期的延长，这种效果变得更加明显。在 6%掺量中，R_p 值随着浸泡龄期的延长持续减少，在 28 d 后甚至明显低于空白样，这与上述 n_{ct} 值和 $Y_0(Q_f)$ 值变化的规律类似，具体原因不再赘述。

从 EIS 数据可以看出，添加了适当掺量 VB3-LDH 的钢筋砂浆试件的 R_{mortar} 值明显高于空白样和纯 VB3 的砂浆试样，说明 VB3-LDH 对水泥基材料的孔结构有改善作用。这样的结论也与第四章中关于水泥水化和孔隙结构的研究结果相一致。VB3-LDH 掺量过高时，R_{mortar} 值明显降低，这是由于 VB3-LDH 掺量过高时 VB3-LDH 分散性不佳引起的。掺入纯 VB3 和适当掺量的 VB3-LDH 都能对钢筋表面的成膜有一定的促进作用，VB3-LDH 的成膜质量高于纯 VB3，且膜层稳定时效高于纯 VB3。掺入适量 VB3-LDH 的试样的 n_{ct} 值自始至终高于空白样和纯 VB3 的，$Y_0(Q_f)$ 值自始至终低于空白样和纯 VB3，说明加入适当掺量 VB3-LDH 后的钢筋砂浆电化学特征更接近容抗，且钢筋表面形成了更加稳定完整的钝化膜/吸附膜。纯 VB3 试样的 n_{ct} 值和 $Y_0(Q_f)$ 值在 28 d 后发生大幅变化，表明钢筋表面膜被破坏。3% VB3-LDH 经历 60 d 腐蚀测试龄期后仍然有着稳定的 n_{ct} 值和 $Y_0(Q_f)$ 值，表明其膜层状态良好。VB3-LDH 有效提升了钢筋砂浆的腐蚀防护能力，其 R_p 值明显高于空白样以及纯 VB3。纯 VB3 的 R_p 值最高时为 12 000 Ω·cm² 左右，在 28 d 后大幅度下降。VB3-LDH 的 R_p 值最高可达 21 000 Ω·cm² 以上，在 60 d 后依然保持稳定。此外，在前 28 d，3% VB3-LDH 的 R_p 与 1% VB3-LDH 的相差不大，但是在 60 d 后，3% VB3-LDH 的 R_p 值明显高于 1% VB3-LDH 的 R_p 值，说明随着腐蚀龄期的延长，最佳掺量的 VB3-LDH 具有更好的防腐效果。

5.3.1.2　微观分析

图 5.9 为内掺 NaCl 的砂浆腐蚀 60 d 后的 XRD 图谱，可以看出，不同成分的试样都在 $2\theta=26.62°$ 处出现了强烈的 SiO_2 的特征峰，这是来自砂浆中的砂。虽然已经过 80 μm 筛子筛分，但是仍然不可避免地包含了一些砂，但这些砂的存在对水泥水化产物的 XRD 峰的影响不大。从不同的试样中都可以看出，在 $2\theta=10°$ 位置出现了 Friedel 盐(F 盐)的峰，这主要是由于内掺的氯离子与 C_3A 和 C_4AF 发生化学反应生成了 F 盐，F 盐是氯离子化学结合的主要晶体形式。XRD 谱中还观察到氢氧化钙以及碳酸钙的峰，碳酸钙的出现源于养护及测试过程中不可避免的碳化。相对于第四章中的 XRD 数据，此处不同试样的 XRD 中都未出现明显的 C_2S 和 C_3S 的峰，说明在腐蚀测试的过程中，砂浆中的水泥仍然在进一步水化，在

腐蚀测试 60 d 后，C_2S 和 C_3S 基本水化完全。

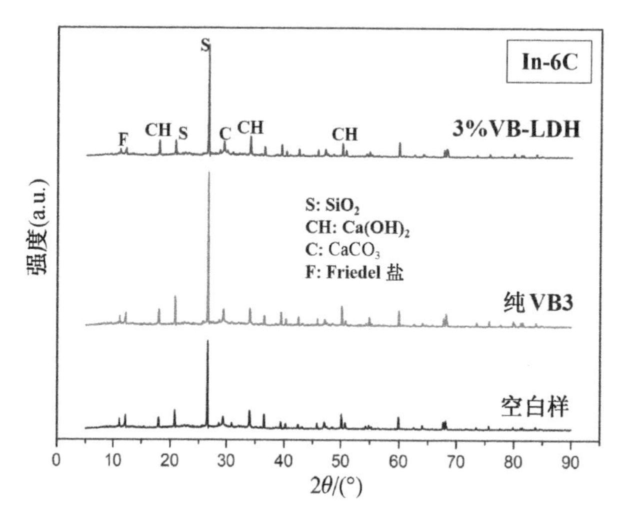

图 5.9　内掺 NaCl 的砂浆腐蚀 60 d 后的 XRD 图谱

图 5.10 为内掺氯化钠的砂浆腐蚀 60 d 后的 SEM 图像，可以看出，在不同砂浆试样中都可观察到 C-S-H、钙矾石(AFt)等水化产物。由于内掺氯化钠的原因，在砂浆内部形成了一些 F 盐。在三种试样中都未明显观察到 $Ca(OH)_2$，在掺有 3% VB3-LDH 的试样中[图 5.10(c)]也未观察到 LDH，这可能是由于片状的 $Ca(OH)_2$ 和 LDH 被 C-S-H 包裹所致。从图中还可以看出，经历 60 d 的腐蚀后，空白样砂浆的内部结构最为疏松，且大孔孔隙较多[图 5.10(a)]；纯 VB3 虽然也有一些孔隙，但是孔隙粒径小于空白样[图 5.10(a，b)]；添加了 VB3-LDH 的孔隙粒径最小，且并未观察到钙矾石，这是由于在经历离子侵蚀后，包含 VB3-LDH 的砂浆内部的 C-S-H 含量仍然较高，钙矾石被 C-S-H 包裹。这样的微观结构规律与上一章中不添加氯化钠的净浆试样类似，说明了无论在未受侵蚀还是侵蚀环境下，VB3-LDH 对水泥基材料内部结构都有着明显的改善作用，进一步说明了 VB3-LDH 在不同的服役环境中都具备良好的应用性能。

图 5.10　内掺 NaCl 的砂浆腐蚀 60 d 后的 SEM 图像：(a)空白样，(b)纯 VB3 和(c)3% VB3-LDH

图 5.11(a,b,c)为腐蚀测试 60 d 后，从钢筋砂浆中取出的钢筋宏观形貌，图 5.11(a1,b1,c1)为对应的局部放大图。从图 5.11(a,a1)的纯 VB3 试样中可以看出，在钢筋表面形成了大小不一的众多点蚀区，大量的锈蚀产物分布在钢筋表面，使钢筋表面变得更加粗糙，这与电化学数据所展示出的规律比较一致。这说明在 6% NaCl 掺量下，钢筋表面未能形成稳定的钝化膜，纯 VB3 也未能在钢筋表面形成稳定的保护膜，致使钢筋表面腐蚀严重。

对于 1%掺量的 VB3-LDH 试样[图 5.11(b,b1)]，在 60 d 后钢筋表面锈蚀产物明显少于纯 VB3 试样，钢筋表面整体的光滑程度也明显好于纯 VB3 试样。这与上文拟合结果中的 n 值变化趋势保持了较好的一致性：添加了 1% VB3-LDH 的试样中的 n_{ct} 值更大，钢筋比纯 VB3 中的钢筋更具备容抗特征。但是表面也出现了少量锈蚀斑，说明其表面发生了轻微腐蚀，这可能是由于 VB3-LDH 掺量过低导致的阻锈剂释放量较低，有机膜层/钝化膜层较为薄弱。而在 3% VB3-LDH 中可以看出[图 5.11(c,c1)]，钢筋表面未见明显锈蚀坑及锈蚀产物，直观说明了 3% VB3-LDH 的腐蚀抑制性能较好。

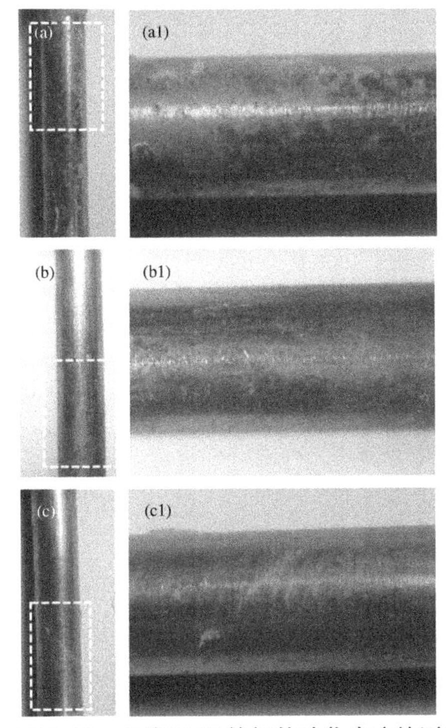

图 5.11　内掺 NaCl 的钢筋砂浆在腐蚀测试 60 d 后的钢筋表面形貌：(a,a1)纯 VB3，(b,b1)1% VB3-LDH 和(c,c1)3% VB3-LDH

XPS 的优势在于，其不仅能够确定物质所含元素的种类，更能确定出各元素的化学状态。图 5.12(a)为 XPS 总谱，主要元素为 Fe、O、C，其中，Fe 含量为 3.90%，O 含量为 36.92%，C 含量为 55.15%。要得出更加明确的结论，需要对 XPS 总谱进行分峰，分析不同的化学键。如图 5.12(b, c, d)所示分别为 Fe_{2p}、O_{1s}、C_{1s} 的高分辨谱。Fe_{2p} 的峰分别位于 710.9 eV、709.2 eV 和 706.6 eV 处，分别对应于 Fe_2O_3、FeO 和 Fe。通过各个峰的面积比例，可知 Fe_2O_3 的占比为 52.7%，FeO 的占比为 23.7%，这说明了钢筋表面钝化膜的形成。从图 5.12(c)可以看出，O_{1s} 可被分为两个峰：531.4 eV 处对应 C—O，529.8 eV 处对应 FeO/Fe_2O_3，含量分别为 74.9%和 25.1%，进一步说明钝化膜以及有机膜层的形成。而 C_{1s} 可分为三个峰，288.3 eV 和 285.4 eV 处的峰对应 C—O，284.5 eV 处对应 C—C/C—H，C—O 和 C—C/C—H 的占比分别为 18.8%和 81.2%，这说明钢筋表面形成了 VB3 有机膜。

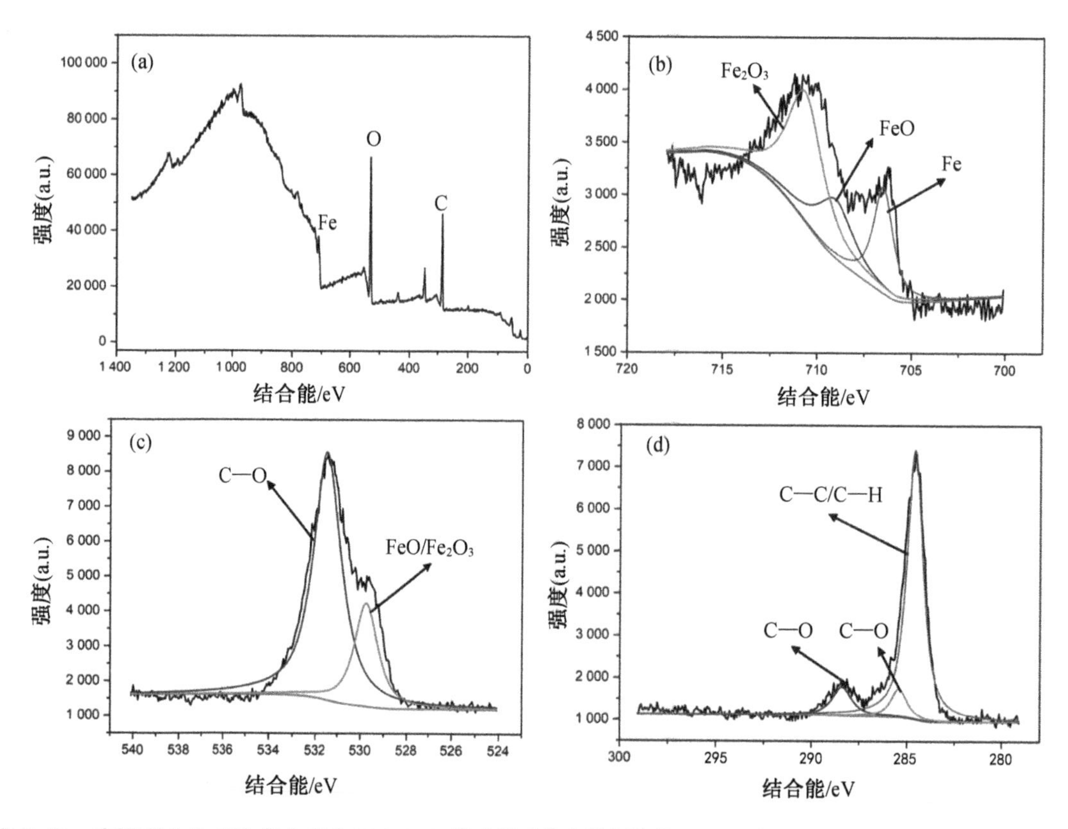

图 5.12　腐蚀测试 60 d 后，包含 3% VB3-LDH 的水泥砂浆中的钢筋的 XPS 图谱：(a)宽谱，(b)Fe_{2p}，(c)O_{1s}，(d)C_{1s}

5.3.2　VB3-LDH 在 3.5% NaCl 溶液干湿循环下的防腐性能

海洋腐蚀区域划分为大气区、浪溅区、潮差区、全浸区和海泥区五个区域。浪溅区由于干湿交替频率高、供氧充分、含盐粒子量高、温度变化等因素，是海洋腐蚀区域中最苛刻的区带。海洋钢筋混凝土结构也面临着较为严重的浪溅区腐蚀的问题，本部分分别设置了 3.5% NaCl 和 6% NaCl 溶液(分别简写为 3.5C 和 6C)，以模拟不同腐蚀程度下浪溅区干湿循环腐蚀的特点。

5.3.2.1　电化学阻抗谱

从 1 个干湿循环的数据可以发现(图 5.13)，纯 VB3、1%和 3%掺量的 VB3-LDH 的容抗弧都明显大于空白样，相位角和模值也都高于空白样。结合内掺 NaCl 部分的电化学数据可以看出，无论在内掺还是干湿循环的腐蚀模式下，纯 VB3 和 VB3-LDH 在砂浆中都具备一定的腐蚀抑制能力。但从 3 个及以上干湿循环后的数据就可以看出(图 5.14～图 5.16)，纯 VB3 的容抗弧直径明显变小，表明其防腐性能从 3 个循环后开始下降。此外可以发现，在这一期间，1%和 3% VB3-LDH 的容抗弧直径相差并不明显，这表明在此龄期内，3% VB3-LDH 相对于 1% VB3-LDH 可能并无明显优势。在经历 28 个干湿循环后(图

5.17)，各试样的容抗弧都明显减小，但是3% VB3-LDH的容抗弧直径最大，说明在经历28个干湿循环后，3% VB3-LDH的防腐效果最佳。

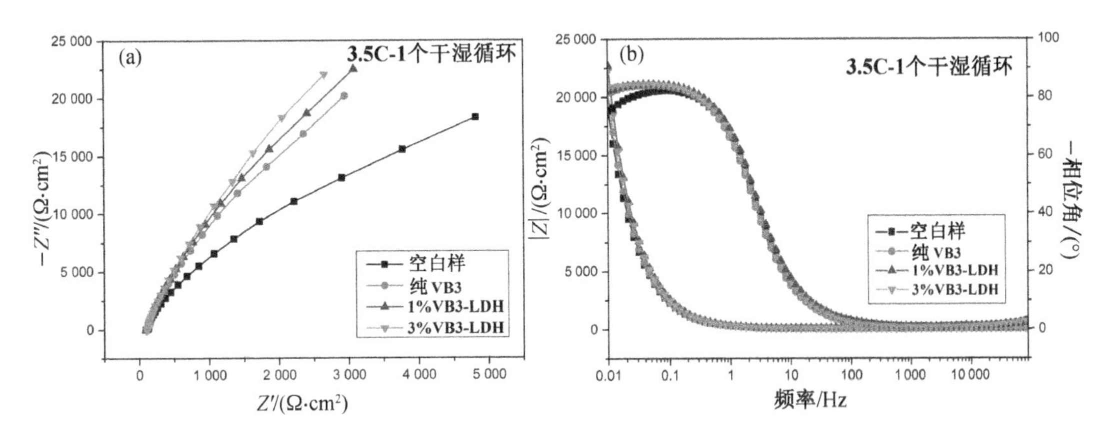

图5.13　钢筋砂浆在3.5% NaCl溶液中经历1个干湿循环后的(a)Nyquist图和(b)Bode图

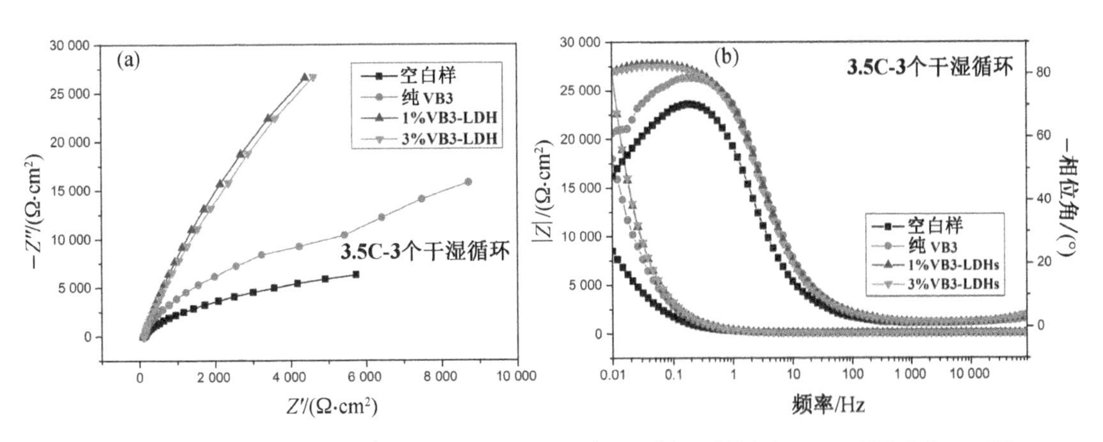

图5.14　钢筋砂浆在3.5% NaCl溶液中经历3个干湿循环后的(a)Nyquist图和(b)Bode图

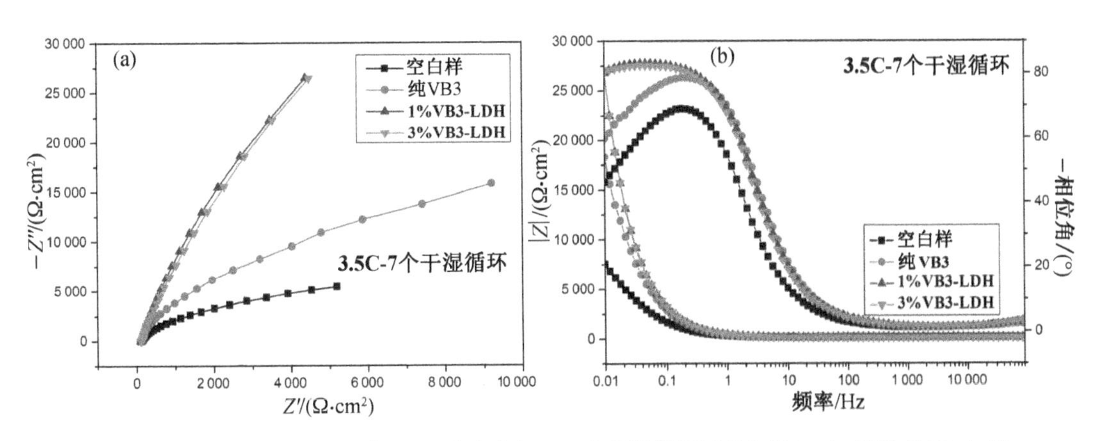

图5.15　钢筋砂浆在3.5% NaCl溶液中经历7个干湿循环后的(a)Nyquist图和(b)Bode图

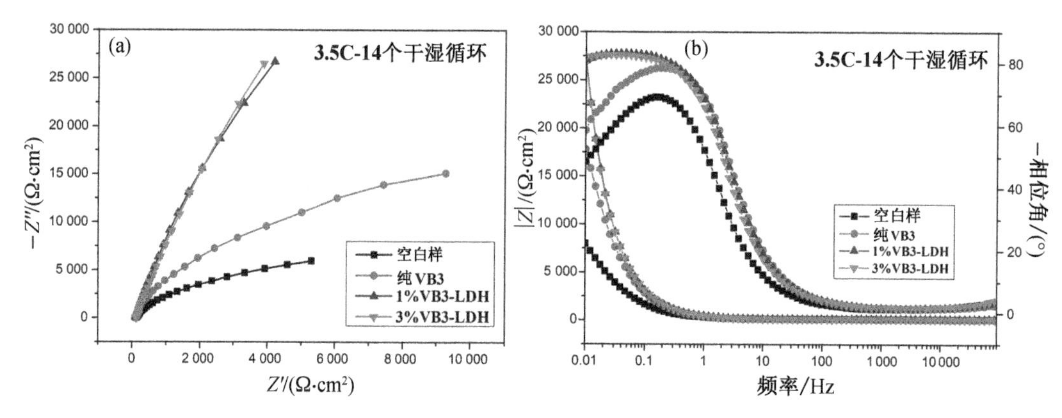

图 5.16 钢筋砂浆在 3.5% NaCl 溶液中经历 14 个干湿循环后的(a)Nyquist 图和(b)Bode 图

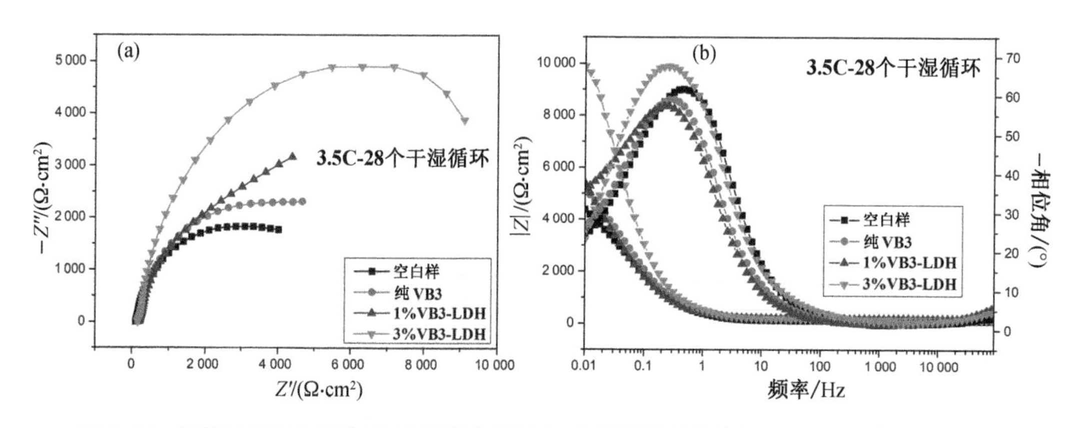

图 5.17 钢筋砂浆在 3.5% NaCl 溶液中经历 28 个干湿循环后的(a)Nyquist 图和(b)Bode 图

表 5.2 为在 3.5% NaCl 溶液中干湿循环后的钢筋砂浆的 EIS 拟合数据，具体的数据分析将在下文中与 6% NaCl 干湿循环的数据一同分析。

5.3.3 VB3-LDH 在 6% NaCl 溶液干湿循环下的防腐性能

5.3.3.1 电化学阻抗谱

图 5.18 为不同试样在 6% NaCl(简写为 6C)溶液中经历 1 个干湿循环后的 EIS 图谱，可以看出，在经历 1 个干湿循环后，空白样和纯 VB3 试样的容抗弧直径明显低于 1%和 3% VB3-LDH，且都呈高度扁平化，象征此时偏离理想电容较远，钢筋表面光滑度降低。这表明此时的空白样和纯 VB3 试样中钢筋表面钝化膜(吸附膜)的完整性受到破坏，对钢筋的腐蚀防护能力下降。而在 3.5% NaCl 溶液中，在 1 个干湿循环后纯 VB3 的容抗弧直径与 VB3-LDH 相差不大。这表明 VB3-LDH 可能在高浓度 NaCl 中对提升纯 VB3 的阻锈能力的效果更明显。在 6% NaCl 溶液中，3 个干湿循环后的 EIS 规律(图 5.19)与 1 个干湿循环时基本一致。在 7 个干湿循环时(图 5.20)，纯 VB3 的容抗弧反而恢复了部分的弧形特

表 5.2　在 3.5% NaCl 溶液中干湿循环后的钢筋砂浆的 EIS 拟合数据

	循环数	R_{mortar} /(Ω·cm^2)	$Y_0(Q_{dl})$ /($Ω^{-1}·s^n·cm^{-2}$)	n_{ct}	R_{ct} /(Ω·cm^2)	$Y_0(Q_f)$ /($Ω^{-1}·s^n·cm^{-2}$)	n_f	R_f /(Ω·cm^2)	R_p /(Ω·cm^2)
空白样	1	190.6	0.75 E-5	0.88	73 593.6	1.46×10^{-6}	0.75	500.7	74 284.9
	3	229.6	1.65 E-5	0.81	11 693.6	2.46×10^{-6}	0.68	215.6	12 138.8
	7	268.9	1.58 E-5	0.82	11 005.5	2.49×10^{-6}	0.69	236.3	11 510.7
	14	332.8	2.15 E-5	0.72	10 740.0	2.96×10^{-6}	0.59	210.7	11 283.5
	28	377.9	3.47 E-5	0.65	3 672.7	4.38×10^{-6}	0.52	98.7	4 149.3
纯 VB3	1	169.8	0.35 E-5	0.91	135 300.0	1.17×10^{-6}	0.78	872.9	136 342.7
	3	209.7	0.95 E-5	0.85	30 698.0	1.67×10^{-6}	0.72	374.9	31 282.6
	7	247.6	1.22 E-5	0.87	34 669.0	2.04×10^{-6}	0.74	366.9	35 283.5
	14	289.8	1.43 E-05	0.82	32 310.0	1.80×10^{-6}	0.69	441.8	33 041.6
	28	348.7	2.82 E-5	0.68	4 657.9	3.54×10^{-6}	0.55	137.8	5 144.4
1% VB3-LDH	1	256.3	0.28 E-5	0.95	147 947.5	1.01×10^{-6}	0.82	985.8	149 189.6
	3	298.7	0.47 E-5	0.96	151 304.6	1.53×10^{-6}	0.83	1 100.7	152 704.0
	7	337.7	0.12 E-5	0.97	154 490.7	9.50×10^{-7}	0.84	1 349.8	156 178.2
	14	398.5	0.38 E-5	0.97	152 200.6	9.10×10^{-7}	0.84	1 156.8	153 755.9
	28	336.7	2.52 E-5	0.70	5 503.0	3.45×10^{-6}	0.57	197.8	6 037.5
3% VB3-LDH	1	327.8	0.23 E-5	0.96	153 730.0	1.05×10^{-6}	0.83	976.4	155 034.2
	3	374.7	0.41 E-5	0.92	152 003.0	1.15×10^{-6}	0.79	1 059.8	153 437.5
	7	423.7	0.15 E-5	0.93	151 100.0	8.90×10^{-7}	0.80	1 409.8	152 933.5
	14	419.8	0.27 E-5	0.90	153 400.0	1.11×10^{-6}	0.77	1 253.8	155 073.6
	28	476.8	1.96 E-5	0.73	9 462.6	2.80×10^{-6}	0.60	327.5	10 266.9

征，容抗弧直径也有所增大，这可能是由于在钢筋表面不断生成腐蚀产物，已生成的腐蚀产物覆盖在锈蚀引起的缺陷处，从而抑制了传质过程，降低了腐蚀反应的速率。

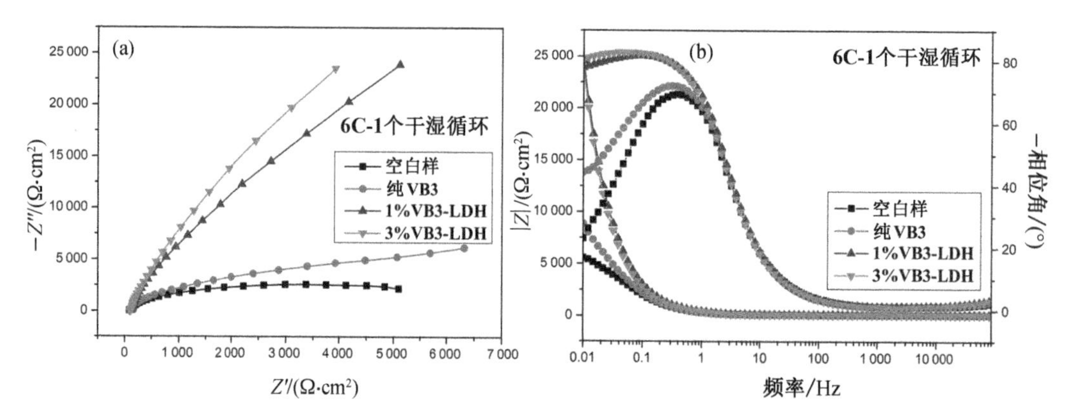

图 5.18　钢筋砂浆在 6% NaCl 溶液中经历 1 个干湿循环后的(a)Nyquist 图和(b)Bode 图

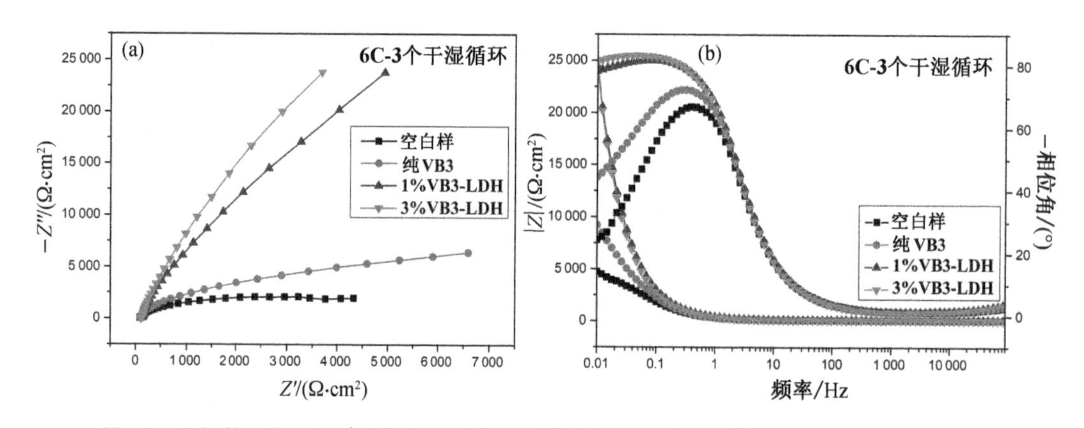

图 5.19　钢筋砂浆在 6% NaCl 溶液中经历 3 个干湿循环后的(a)Nyquist 图和(b)Bode 图

而从 7 个干湿循环至 28 个干湿循环(图 5.20～图 5.22)，1% VB3-LDH 的容抗弧直径持续下降，相位角和模值也对应下降。在整个干湿循环腐蚀期间，3% VB3-LDH 的容抗弧直径都保持最大，说明其防腐性能在整个腐蚀过程都明显优于其他试样。

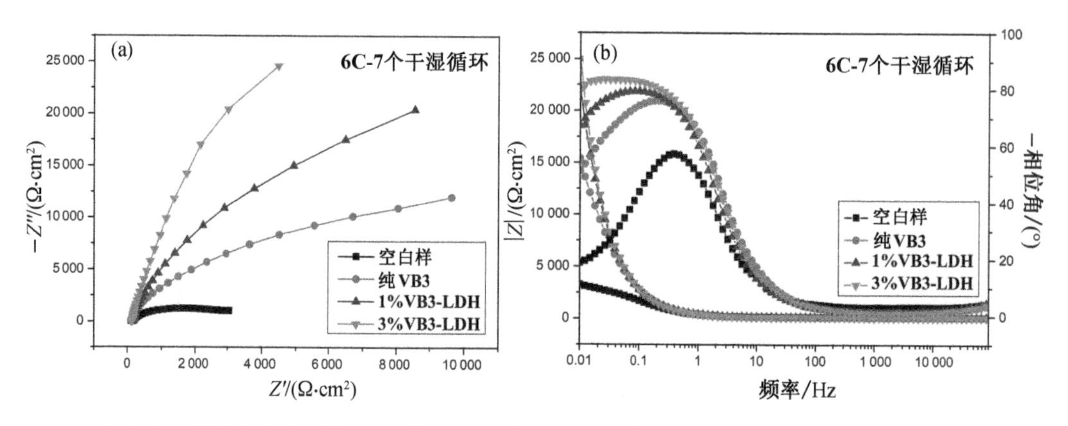

图 5.20　钢筋砂浆在 6% NaCl 溶液中经历 7 个干湿循环后的(a)Nyquist 图和(b)Bode 图

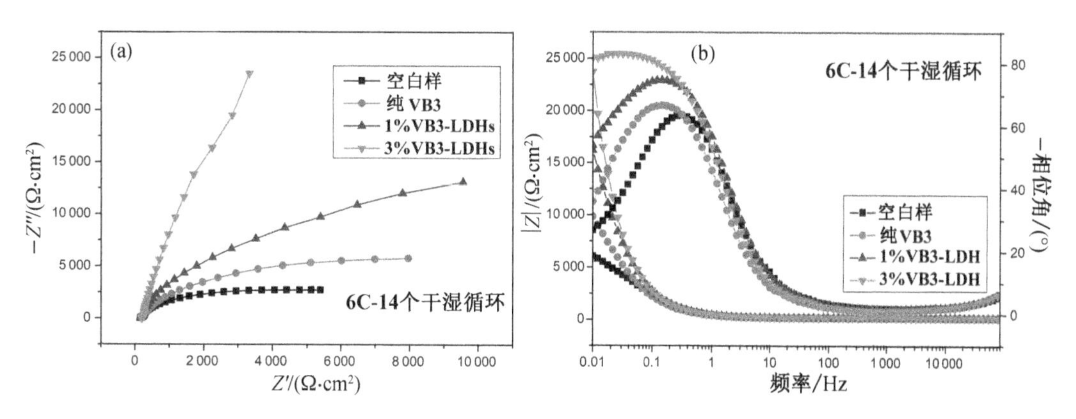

图 5.21　钢筋砂浆在 6% NaCl 溶液中经历 14 个干湿循环后的(a)Nyquist 图和(b)Bode 图

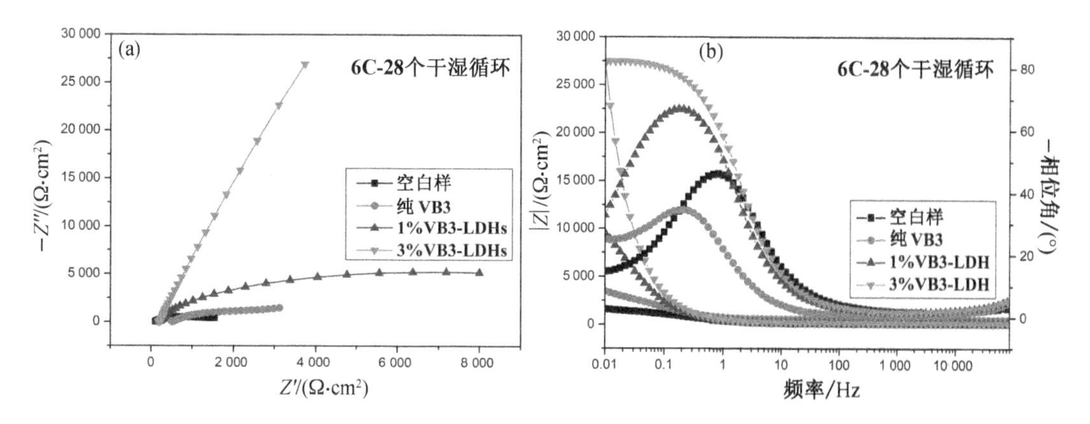

图 5.22　钢筋砂浆在 6% NaCl 溶液中经历 28 个干湿循环后的(a)Nyquist 图和(b)Bode 图

表 5.3 为在 6% NaCl 溶液中干湿循环后的钢筋砂浆的 EIS 拟合数据，具体的数据分析将在下文中与 3.5% NaCl 干湿循环的数据一同分析。

为了定量评估 VB3-LDH 的防腐性能，我们采取式(5-2)进行了阻锈效率的计算。

$$\eta=\frac{R_p-R_p^0}{R_p}\times 100\% \tag{5-2}$$

式中：R_p 和 R_p^0 分别是包含和不包含 VB3/VB3-LDH 的极化电阻。

图 5.23 为在 NaCl 溶液中经历 14 个干湿循环后的阻锈效率。从 3.5% NaCl 的数据可以看出，纯 VB3、1% VB3-LDH、3% VB3-LDH 的阻锈效率分别为 65.9%、92.7%和 92.7%，1%和 3% VB3-LDH 的阻锈效率相对于纯 VB3 都提升了 40.67%。在 6% NaCl 环境中，VB3-LDH 的提升幅度更大，1%和 3% VB3-LDH 的提升幅度分别达到了 65.5%和 108.2%。这说明在氯离子浓度更高的情况下，VB3-LDH 对于 VB3 阻锈效率的提升幅度更加显著。

表 5.3　在 6% NaCl 溶液中干湿循环后的钢筋砂浆的 EIS 拟合数据

	循环数	R_{mortar} /(Ω·cm²)	$Y_0(Q_{dl})$ /(Ω⁻¹·sⁿ·cm⁻²)	n_{ct}	R_{ct} /(Ω·cm²)	$Y_0(Q_f)$ /(Ω⁻¹·sⁿ·cm⁻²)	n_f	R_f /(Ω·cm²)	R_p /(Ω·cm²)
空白样	1	170.9	2.66 E−5	0.68	6 333	3.63×10^{-6}	0.56	160.5	6 664.4
	3	203.6	3.10 E−5	0.65	5 894	4.02×10^{-6}	0.53	135.9	6 233.5
	7	228.5	3.78 E−5	0.64	5 798	4.71×10^{-6}	0.52	177.9	6 204.4
	14	267.4	2.32 E−5	0.66	5 693	3.19×10^{-6}	0.54	169.8	6 130.2
	28	366.9	3.96 E−5	0.61	1 839	4.93×10^{-6}	0.49	93.9	2 299.8
纯 VB3	1	198.6	1.31 E−5	0.73	12 198	2.07×10^{-6}	0.61	228.4	12 625.0
	3	185.9	1.95 E−5	0.71	10 336	2.81×10^{-6}	0.59	202.7	10 724.6
	7	234.8	1.38 E−5	0.78	25 189	2.10×10^{-6}	0.66	323.5	25 747.3
	14	287.9	1.65 E−5	0.74	10 860	2.51×10^{-6}	0.62	217.4	11 365.3
	28	364.7	3.65 E−5	0.62	2 145	4.41×10^{-6}	0.50	143.6	2 653.3
1% VB3−LDH	1	244.8	0.32 E−5	0.91	126 649	1.15×10^{-6}	0.79	669.5	127 563.3
	3	278.5	0.38 E−5	0.88	112 974	1.26×10^{-6}	0.76	639.8	113 892.3
	7	317.8	0.86 E−5	0.83	41 739	1.85×10^{-6}	0.71	298.6	42 355.4
	14	389.6	0.97 E−5	0.80	25 110	1.85×10^{-6}	0.68	337.3	25 836.9
	28	436.8	1.94 E−5	0.75	9 392	2.92×10^{-6}	0.63	228.7	10 057.5
3% VB3−LDH	1	276.8	0.18 E−5	0.96	159 879	8.90×10^{-7}	0.84	1 670.8	161 826.6
	3	317.8	0.21 E−5	0.97	151 394	1.14×10^{-6}	0.85	1 494.7	153 206.5
	7	398.5	0.32 E−5	0.91	144 847	1.35×10^{-6}	0.79	983.5	146 229.0
	14	467.2	0.43 E−5	0.97	152 000	1.48×10^{-6}	0.85	1 337.6	153 804.8
	28	437.8	0.33 E−5	0.93	156 008	1.27×10^{-6}	0.81	1 672.5	158 118.3

5.3.3.2　微观分析

图 5.24 为不同成分的砂浆经历 28 个干湿循环后的 XRD 图谱。可以看出，此时的 XRD 图谱中主要有 SiO_2、$Ca(OH)_2$、$CaCO_3$ 以及 Friedel 盐的衍射峰。相较于内掺氯化钠模式，干湿循环后的样品并未出现新的衍射峰，说明不同的氯离子侵蚀模式对水泥水化产物无明显影响。但是 Friedel 盐的峰相对内掺试样有所减弱，这是由于干湿循环实验是在养护 28 d 之后开始进行，此时的水泥熟料水化反应程度已经较高，因此生成的 Friedel 盐减少。

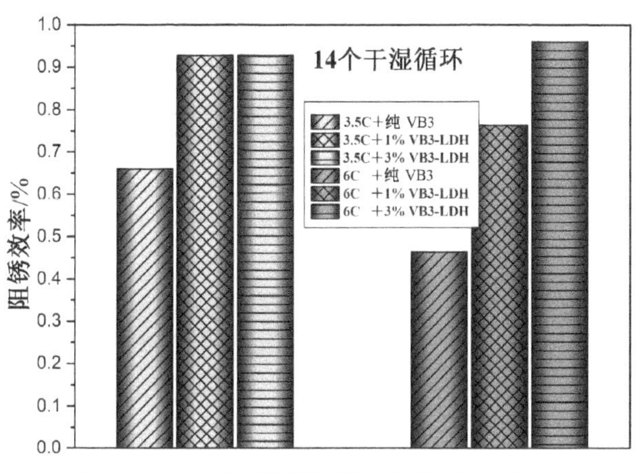

图 5.23　14 个干湿循环后，不同添加成分在不同 NaCl 浓度下的阻锈效率

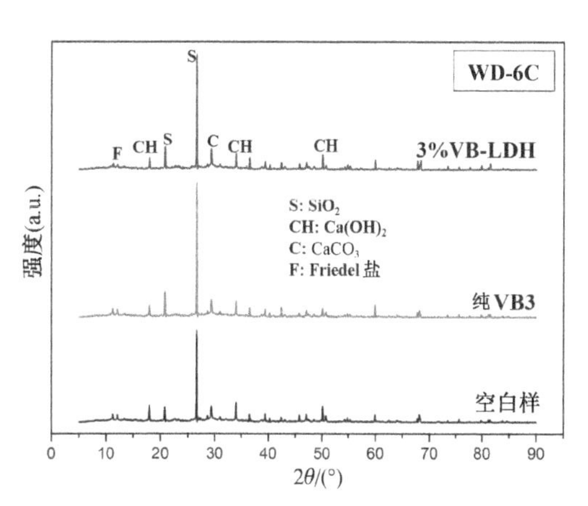

图 5.24　砂浆在 6% NaCl 溶液中经历 28 个干湿循环后的 XRD 图谱

图 5.25 为在 6% NaCl 溶液中经历 28 个干湿循环后砂浆的微观结构，可以看出，在不同砂浆试样中，都可以明显观察到钙矾石和 C-S-H 凝胶。空白样[图 5.25(a)]的结构最为疏松，存在大量缺乏 C-S-H 包裹的钙矾石。从图 5.25(b)和(c)可以看出，添加了 VB3-LDH 试样的密实程度都明显高于空白样，C-S-H 凝胶密实填充在结构内部，其中，掺 3% VB3-LDH 的结构密实性最佳。结合本书第四章中的分析结果可以发现，在 NaCl 腐蚀前后，VB3-LDH 都能有效改善水泥浆体的孔隙结构。此外还可以发现，相对于内掺 NaCl 的试样，干湿循环试样中的水化产物钙矾石尺寸更大，这说明氯化钠侵蚀模式的不同会导致其对水泥基材料水化的影响也有所不同。

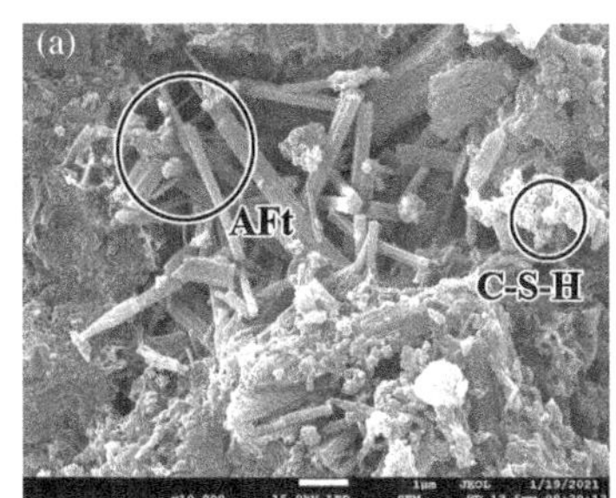

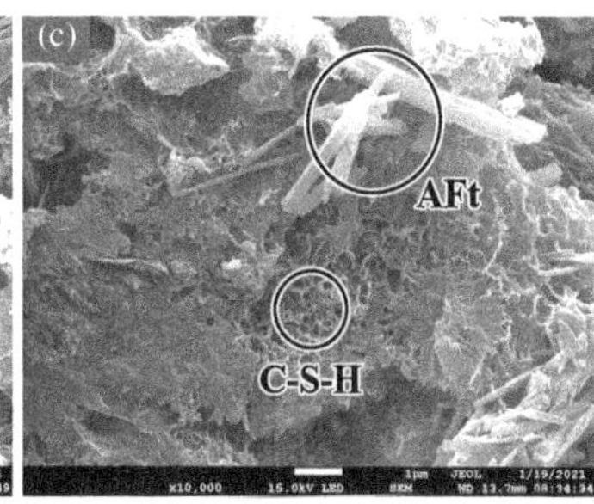

图 5.25　砂浆在 6% NaCl 溶液中经历 28 个干湿循环后的 SEM 图像：(a)空白样，(b)1% VB3-LDH，(c)3% VB3-LDH

从上文 XRD 分析中可以发现，在各试样中都存在 Friedel 盐，但是在 SEM 图像中并未观察到，这可能是因为干湿循环实验中的氯化钠是在水泥水化 28 d 以后才通过外渗的方式进入砂浆内部，此时砂浆水化程度已经很高，可与 Cl^- 反应生成 Friedel 盐的 C_3A 以及 C_4AF 含量较低，因此生成的 Friedel 盐较少。

图 5.26 为添加纯 VB3、1% VB3-LDH 及 3% VB3-LDH 的砂浆中钢筋在 6% NaCl 溶液中经历 28 个干湿循环后的表面形貌图。可以看出，在纯 VB3 中，钢筋表面的点蚀最多，说明其腐蚀最为严重。1% VB3-LDH 的点蚀数量明显低于纯 VB3 试样，3% VB3-LDH 的点蚀最少，说明 3%掺量的 VB3-LDH 的防腐效果最好，这与电化学数据保持了较好的一致性。

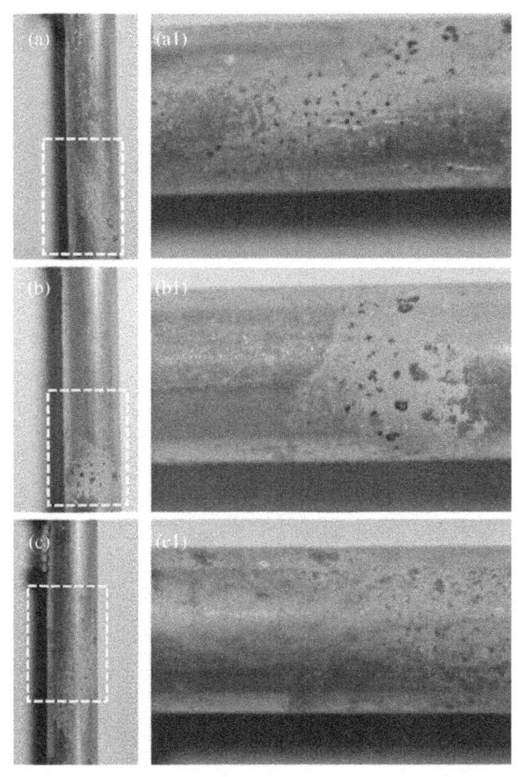

图 5.26 在 6% NaCl 溶液中经历 28 个干湿循环后的钢筋表面形貌：(a，a1)纯 VB3，(b，b1)1% VB3-LDH，(c，c1)3% VB3-LDH

5.3.4 VB3-LDH 在 3.5% NaCl+3.5% Na_2SO_4 溶液干湿循环下的防腐性能

5.3.4.1 电化学阻抗谱

图 5.27 为钢筋砂浆在 3.5% NaCl+3.5% Na_2SO_4(3.5CS)中经历 1 个干湿循环后的电化学数据，可以看出，添加纯 VB3 和 VB3-LDH 后，钢筋砂浆中低频区的容抗弧半径大于空白样，对应的相位角和模值的值也高于空白样。说明在这一龄期下纯 VB3 和 VB3-LDH

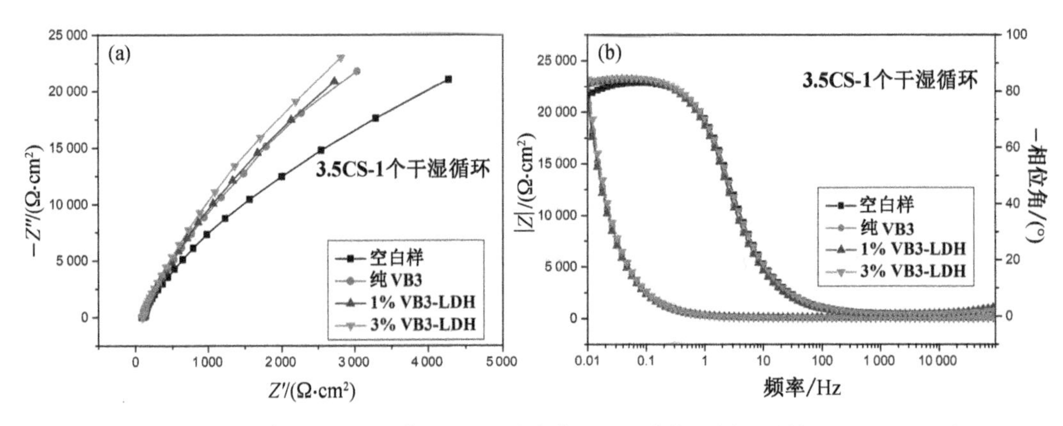

图 5.27 钢筋砂浆在 3.5% NaCl+3.5% Na_2SO_4 溶液中经历 1 个干湿循环后的(a)Nyquist 图和(b)Bode 图

都对钢筋砂浆有一定的腐蚀抑制作用。但是值得注意的是，在 1 个干湿循环后，纯 VB3 和 VB3-LDH 的容抗弧直径相差不大，表明此时 VB3-LDH 的优势不明显。经历 3 个干湿循环后（图 5.28），空白样的容抗弧直径明显减小，且出现扁平化特征，对应的模值也明显降低，相位角的平台变窄。这可能是由于钢筋表面的钝化膜在氯化钠溶液的干湿循环作用下受到了影响。随后的 7 个循环（图 5.29）以及 14 个循环（图 5.30）的阻抗谱特征变化不大。

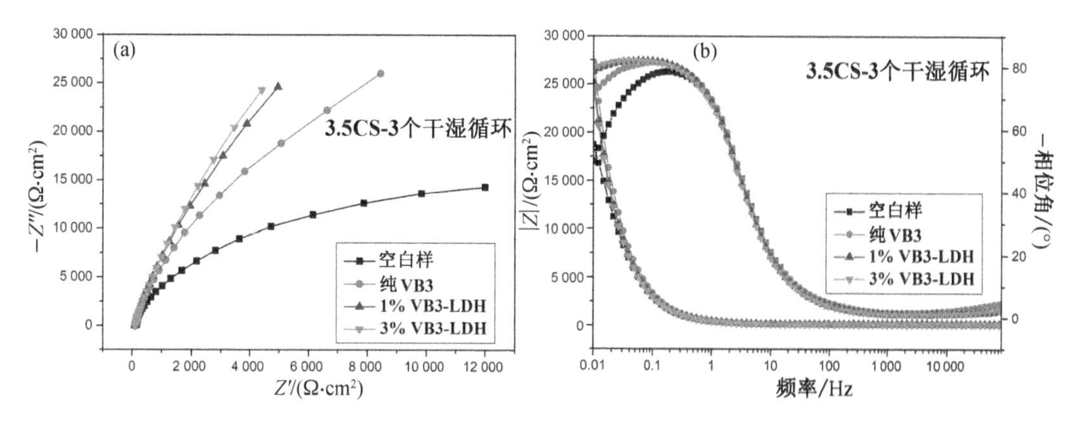

图 5.28 钢筋砂浆在 3.5% NaCl+3.5% Na_2SO_4 溶液中经历 3 个干湿循环后的(a)Nyquist 图和(b)Bode 图

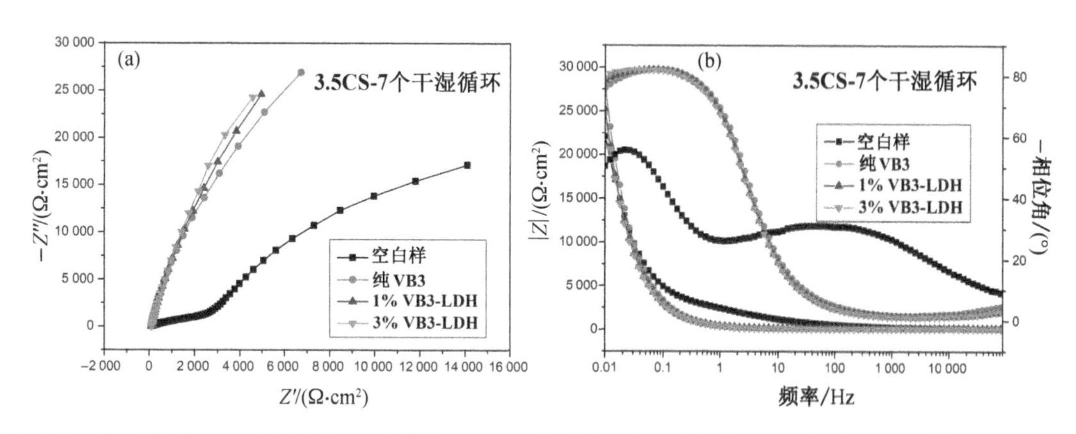

图 5.29 钢筋砂浆在 3.5% NaCl+3.5% Na_2SO_4 溶液中经历 7 个干湿循环后的(a)Nyquist 图和(b)Bode 图

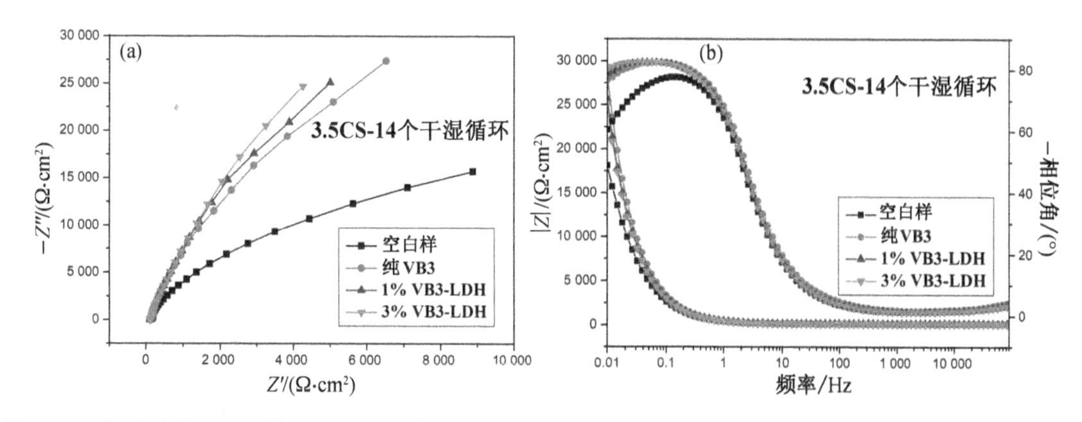

图 5.30 钢筋砂浆在 3.5% NaCl+3.5% Na_2SO_4 溶液中经历 14 个干湿循环后的(a)Nyquist 图和(b)Bode 图

在经历 28 个干湿循环后(图 5.31),空白样的容抗弧直径出现了大幅度的下降,对应的相位角和模值也出现了大幅度下降的现象,这可能是由于在经历了 28 个干湿循环后,钢筋表面的钝化膜被摧毁,进而发生锈蚀。而纯 VB3 和 VB3-LDH 的容抗弧半径虽然相对于 14 个干湿循环时有着明显的下降,但是仍然远远高于空白样。此外可以看出,在经历 28 个干湿循环后,3% VB3-LDH 的容抗弧高于所有的其他试样,说明其防腐效果最好。

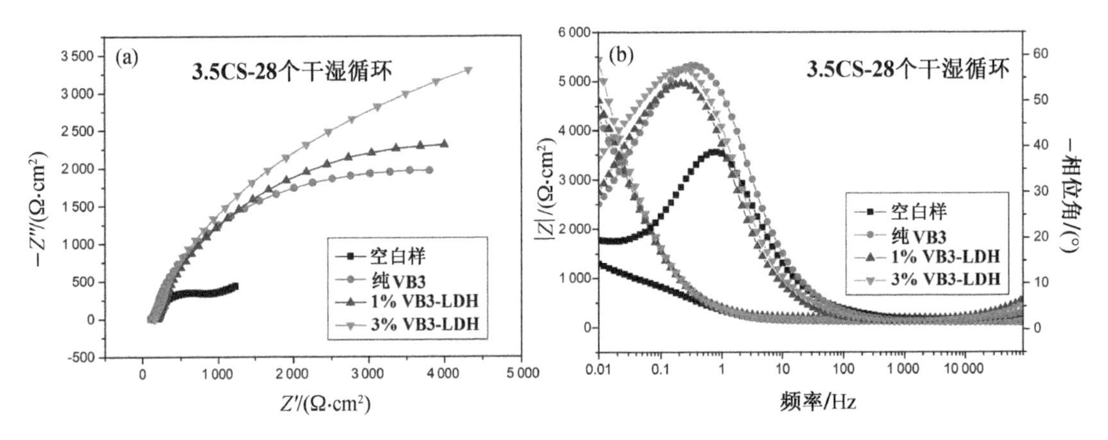

图 5.31 钢筋砂浆在 3.5% NaCl+3.5% Na_2SO_4 溶液中经历 28 个干湿循环后的(a)Nyquist 图和(b)Bode 图

从图谱特征及钢筋砂浆的常用电路来看,本部分研究依然选择包含两个时间常数的电路进行拟合。所选拟合电路如图 5.32 所示,各元件的物理意义如下:R_{mortar} 代表砂浆电阻,和砂浆的性质有关,R_f 与 Q_f 反映钢筋表面膜层信息,R_{ct} 和 Q_{dl} 代表钢筋表面的物理化学反应,其中 R_f 代表膜层电阻,R_{ct} 代表钢筋表面的电荷和物质转移过程。

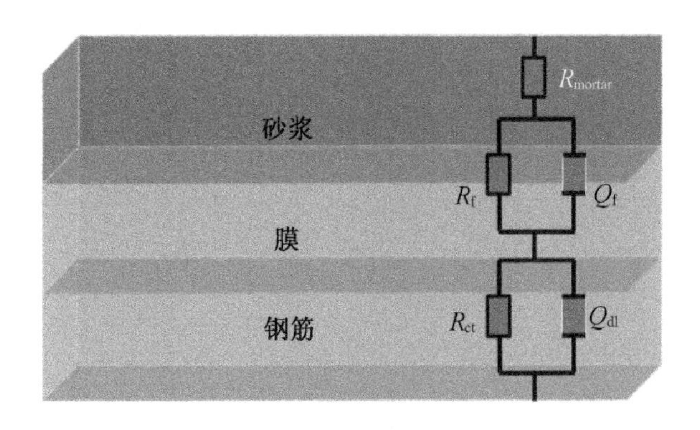

图 5.32 本部分研究采用的用于 EIS 数据拟合的等效电路

表 5.4 为在 3.5% NaCl+3.5% Na_2SO_4 溶液中干湿循环的钢筋砂浆的 EIS 拟合数据,具体的数据分析将在下文中与 6% NaCl+6% Na_2SO_4 干湿循环的数据一同分析。

表 5.4　在 3.5% NaCl+3.5% Na_2SO_4 溶液中干湿循环的钢筋砂浆的 EIS 拟合数据

	循环数	R_{mortar} /(Ω·cm²)	$Y_0(Q_{dl})$ /($Ω^{-1}·s^n·cm^{-2}$)	n_{ct}	R_{ct} /(Ω·cm²)	$Y_0(Q_f)$ /($Ω^{-1}·s^n·cm^{-2}$)	n_f	R_f /(Ω·cm²)	R_p /(Ω·cm²)
空白样	1	324.7	0.51×10^{-5}	0.91	104 483.8	1.34×10^{-6}	0.79	363.6	105 172.1
	3	365.8	1.25×10^{-5}	0.81	28 470.3	1.96×10^{-6}	0.69	277.8	29 113.9
	7	425.1	1.42×10^{-5}	0.83	28 033.7	1.95×10^{-6}	0.71	289.5	28 748.3
	14	445.7	0.88×10^{-5}	0.87	23 799.9	1.71×10^{-6}	0.75	312.8	24 558.4
	28	408.7	4.35×10^{-5}	0.62	1 291.4	5.28×10^{-6}	0.5	110.5	1 810.6
纯 VB3	1	387.9	0.31×10^{-5}	0.96	150 342.7	1.05×10^{-6}	0.84	537.8	151 268.4
	3	399.7	0.98×10^{-5}	0.96	78 661.9	2.02×10^{-6}	0.84	326.7	79 388.3
	7	366.8	0.46×10^{-5}	0.92	101 584.4	1.30×10^{-6}	0.8	398.7	102 349.9
	14	407.5	0.39×10^{-5}	0.91	107 686.5	1.33×10^{-6}	0.79	411.7	108 505.7
	28	419.6	3.26×10^{-5}	0.72	4 377.9	4.10×10^{-6}	0.6	195.6	4 993.1
1% VB3-LDH	1	523.6	0.24×10^{-5}	0.97	151 629.0	1.09×10^{-6}	0.85	657.8	152 810.4
	3	576.9	0.55×10^{-5}	0.91	111 911.0	1.45×10^{-6}	0.79	426.7	112 914.6
	7	613.9	0.36×10^{-5}	0.93	112 209.1	1.14×10^{-6}	0.81	486.5	113 309.5
	14	765.7	0.43×10^{-5}	0.92	118 702.6	1.32×10^{-6}	0.8	445.9	119 914.2
	28	664.7	2.95×10^{-5}	0.62	5 009.9	3.80×10^{-6}	0.5	187.6	5 862.2
3% VB3-LDH	1	576.9	0.11×10^{-5}	0.98	163 525.2	9.70×10^{-7}	0.86	727.6	164 829.7
	3	599.9	0.34×10^{-5}	0.94	121 226.5	1.27×10^{-6}	0.83	511.7	122 338.1
	7	633.6	0.35×10^{-5}	0.91	121 924.5	1.21×10^{-6}	0.79	545.8	123 103.9
	14	710.5	0.29×10^{-5}	0.92	150 530.0	1.05×10^{-6}	0.86	551.9	151 792.4
	28	756.9	2.52×10^{-5}	0.66	6 300.5	3.72×10^{-6}	0.54	228.7	7 286.1

5.3.4.2 微观分析

图 5.33 为砂浆在 3.5% NaCl+3.5% Na_2SO_4 混合溶液(3.5CS)中经历 28 个干湿循环后的 XRD 图谱。可以看出,在单一氯化钠环境中出现的 XRD 衍射峰在 3.5CS 环境中也被观察到。此外,在经历 3.5CS 溶液干湿循环侵蚀后,还观察到了钙矾石 $3CaO \cdot Al_2O_3 \cdot 3CaSO_4 \cdot 32H_2O$(AFt)的衍射峰,这是由于扩散进入混凝土的硫酸根离子与氢氧化钙结合生成石膏,石膏进一步与混凝土内的铝相(单硫型水化硫铝酸钙-AFm,水化铝酸钙)发生固相反应生成钙矾石。

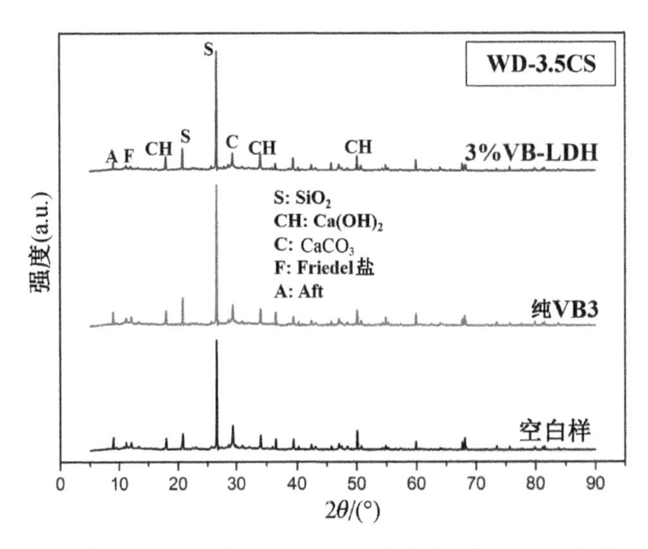

图 5.33 砂浆在 3.5% NaCl+3.5% Na_2SO_4 混合溶液中经历 28 个干湿循环后的 XRD 图谱

5.3.5 VB3-LDH 在 6% NaCl+6% Na_2SO_4 溶液干湿循环下的防腐性能

5.3.5.1 电化学阻抗谱

图 5.34 为在 6% NaCl+6% Na_2SO_4(6CS)溶液中经历 1 个干湿循环后的 EIS 图谱,可以看出,在 1 个干湿循环后,纯 VB3 和 VB3-LDH 的容抗弧直径大于空白样,这可能是由于 VB3 的吸附能使钢筋表面成膜更加稳定,对应的相位角和模值也都明显大于空白样。但 1%和 3% VB3-LDH 在此时的防腐效果相差不大。在经历 3 个干湿循环后(图 5.35),添加纯 VB3 和 VB3-LDH 试样的容抗弧直径依然明显高于空白样,但与 1 个干湿循环时不同的是,此时 3%掺量 VB3-LDH 的容抗弧直径大于 1% VB3-LDH 的容抗弧直径,这说明在高浓度氯化钠溶液干湿循环侵蚀的情况下,3% VB3-LDH 的防腐效果依然最佳。从 7 个干湿循环起(图 5.36),空白样和纯 VB3 试样的容抗弧直径明显下降,且弧线的形状变为扁平状。对应的相位角和模值也明显下降,相位角平台变窄。这可能是由于此时钢筋表面的钝化膜/吸附膜被破坏,发生了氯离子锈蚀,说明纯 VB3 在 6% NaCl 中对钢筋腐蚀防护的

有效保护可能不超过 7 个干湿循环。到第 14 个干湿循环时(图 5.37),含 1% VB3-LDH 的容抗弧直径也明显下降,此时 3% VB3-LDH 的优势最为明显。在经历 28 个干湿循环后(图 5.38),所有试样的容抗弧直径都明显下降超过一个数量级,都低于 3 000 Ω·cm^2 的阻抗值,根据以往文献的经验,此时各试样中的钢筋都已经开始腐蚀。

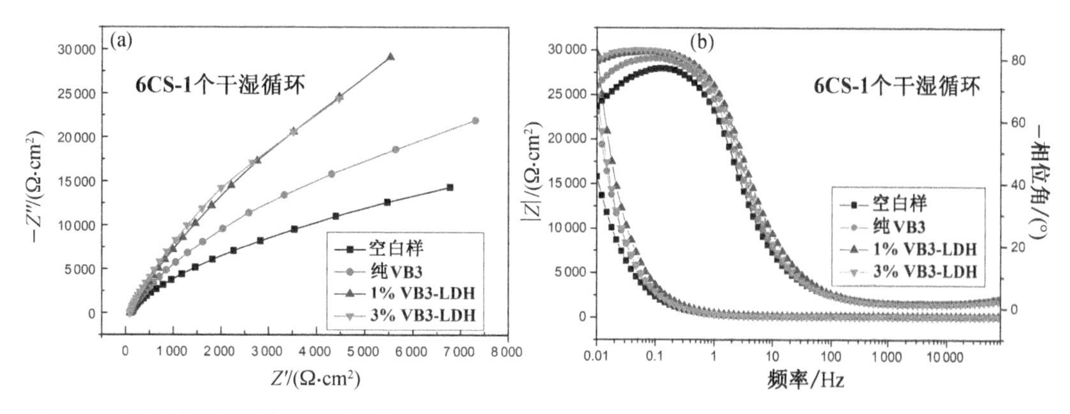

图 5.34　钢筋砂浆在 6% NaCl+6% Na_2SO_4 溶液中经历 1 个干湿循环后的(a)Nyquist 图和(b)Bode 图

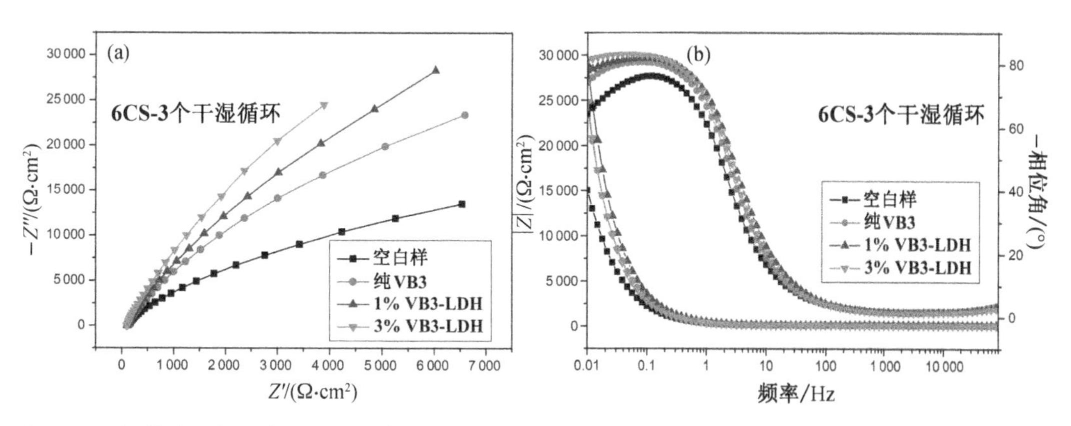

图 5.35　钢筋砂浆在 6% NaCl+6% Na_2SO_4 溶液中经历 3 个干湿循环后的(a)Nyquist 图和(b)Bode 图

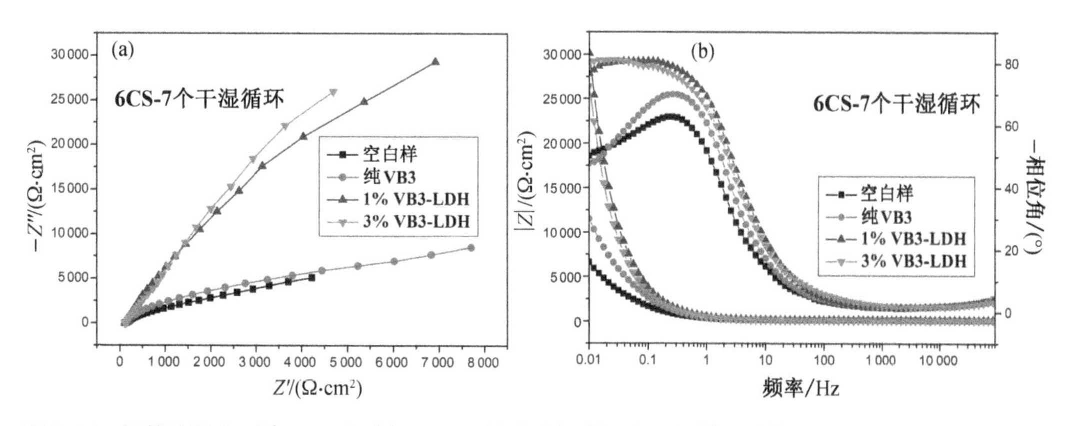

图 5.36　钢筋砂浆在 6% NaCl+6% Na_2SO_4 溶液中经历 7 个干湿循环后的(a)Nyquist 图和(b)Bode 图

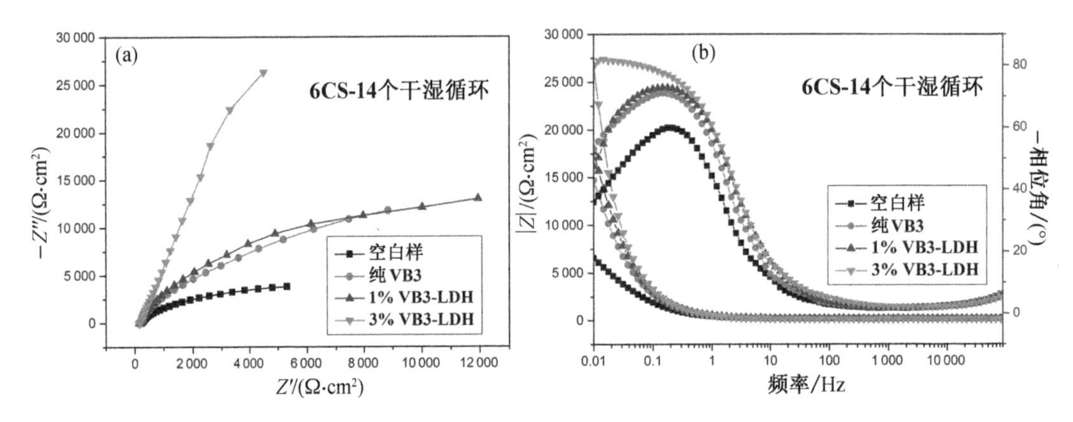

图 5.37　钢筋砂浆在 6% NaCl+6% Na_2SO_4 溶液中经历 14 个干湿循环后的(a)Nyquist 图和(b)Bode 图

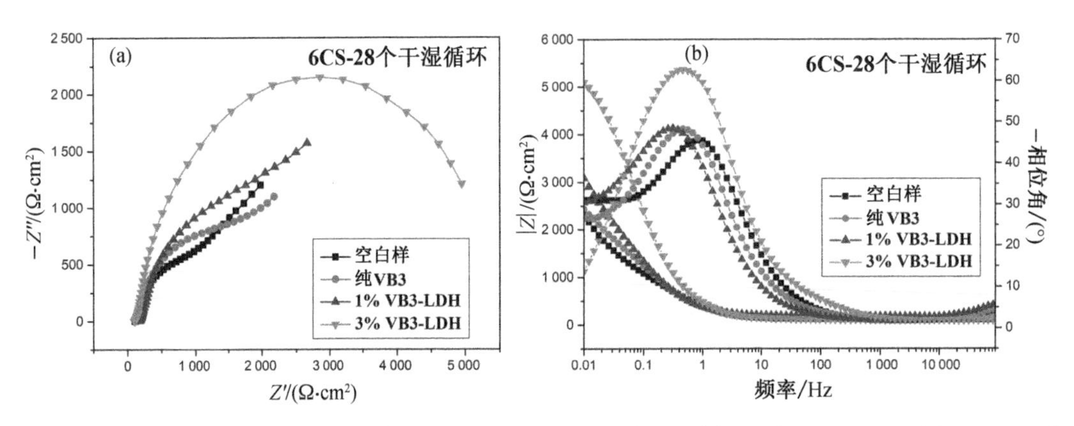

图 5.38　钢筋砂浆在 6% NaCl+6% Na_2SO_4 溶液中经历 28 个干湿循环后的(a)Nyquist 图和(b)Bode 图

6% NaCl+6% Na_2SO_4(6CS)干湿循环得到的数据由图 5.32 中的电路进行拟合，拟合结果列在表 5.5 中。

图 5.39 为 3.5CS 和 6CS 的干湿循环腐蚀下的电化学拟合参数的极化电阻变化趋势，可以看出，在两种浓度下，都是空白样的 R_p 值最低。在 3.5CS 环境中，空白样 1 个干湿循环时 R_p 值为 100 172.1 Ω · cm²，但第 3 个干湿循环开始 R_p 值降低至 30 000 Ω · cm² 以下；在 6CS 环境中，空白样 R_p 值自始至终低于 40 000 Ω cm²。对于纯 VB3，在 3.5CS 中的防腐能力明显优于在 6CS 中。在 3.5CS 溶液中，纯 VB3 在 14 个干湿循环前的极化电阻值基本在 100 000 Ω · cm² 以上，14 个干湿循环后开始明显下降。在 6CS 溶液中，纯 VB3 的极化电阻在 3 个干湿循环后就大幅下降，7 个干湿循环时极化电阻值低于 20 000 Ω · cm²。1% VB3-LDH 在 3.5CS 中有良好的防腐效果，极化电阻值在前 14 个干湿循环都高于 110 000 Ω · cm²。在 6CS 环境中，1% VB3-LDH 性能较弱，7 个干湿循环后极化电阻值就开始出现明显的下降。当 VB3-LDH 的掺量达到 3%时，钢筋砂浆在 3.5CS 和 6CS 环境中都能发挥出良好的防腐效果，在不同循环次数后的 R_p 都明显高于纯 VB3 及 1% VB3-LDH，且都在第 14 个

表 5.5　在 6% NaCl+6% Na_2SO_4 溶液中干湿循环的钢筋砂浆的 EIS 拟合数据

	Cycles	R_{mortar} /($\Omega \cdot cm^2$)	$Y_0(Q_{dl})$ /($\Omega^{-1} \cdot s^n \cdot cm^{-2}$)	n_{ct}	R_{ct} /($\Omega \cdot cm^2$)	$Y_0(Q_f)$ /($\Omega^{-1} \cdot s^n \cdot cm^{-2}$)	n_f	R_f /($\Omega \cdot cm^2$)	R_p /($\Omega \cdot cm^2$)
空白样	1	421.6	0.92×10^{-5}	0.87	33 178.9	1.83×10^{-6}	0.72	557.8	34 158.3
	3	487.5	1.26×10^{-5}	0.85	30 764.5	1.99×10^{-6}	0.70	568.3	31 820.3
	7	499.6	2.11×10^{-5}	0.81	10 066.9	2.92×10^{-6}	0.66	378.5	10 945.0
	14	525.8	2.13×10^{-5}	0.74	7 494.8	3.14×10^{-6}	0.59	196.7	8 217.3
	28	626.9	3.62×10^{-5}	0.62	2 705.2	4.53×10^{-6}	0.47	97.8	3 429.9
纯 VB3	1	379.4	0.54×10^{-5}	0.85	66 003.7	1.27×10^{-6}	0.75	598.6	66 981.7
	3	411.7	0.81×10^{-5}	0.91	81 175.5	1.43×10^{-6}	0.73	678.6	82 265.8
	7	477.5	1.86×10^{-5}	0.82	15 912.2	2.57×10^{-6}	0.71	489.6	16 879.3
	14	499.6	1.18×10^{-5}	0.83	22 439.6	2×10^{-6}	0.63	537.5	23 476.7
	28	575.8	3.45×10^{-5}	0.64	2 586.4	4.17×10^{-6}	0.45	128.7	3 290.9
1% VB3-LDH	1	523.2	0.35×10^{-5}	0.95	132 813.9	1.02×10^{-6}	0.80	894.6	134 231.7
	3	566.1	0.38×10^{-5}	0.91	117 122.9	1.02×10^{-6}	0.76	795.6	118 484.6
	7	619.5	0.75×10^{-5}	0.91	115 390.3	1.53×10^{-6}	0.76	721.6	116 731.4
	14	599.8	0.99×10^{-5}	0.83	24 743.3	1.82×10^{-6}	0.68	516.8	25 859.9
	28	666.7	3.32×10^{-5}	0.62	3 429.3	3.96×10^{-6}	0.46	178.5	4 274.5
3% VB3-LDH	1	596.9	0.31×10^{-5}	0.95	123 365.3	1.15×10^{-6}	0.80	869.5	124 831.7
	3	655.9	0.38×10^{-5}	0.97	137 767.9	9.22×10^{-8}	0.82	976.7	139 400.5
	7	698.7	0.43×10^{-5}	0.92	124 718.1	1.17×10^{-6}	0.79	911.7	126 328.5
	14	779.4	0.61×10^{-5}	0.94	127 743.6	1.45×10^{-6}	0.79	892.3	129 415.3
	28	1 103.7	3.65×10^{-5}	0.64	4 845.2	4.49×10^{-6}	0.39	168.7	6 117.6

干湿循环后极化电阻值才开始明显下降，说明 VB3-LDH 能够提升钢筋锈蚀反应难度，延缓腐蚀起始时间。在经过 28 个干湿循环后，3%掺量 VB3-LDH 的极化电阻值仍明显高于其他试样。

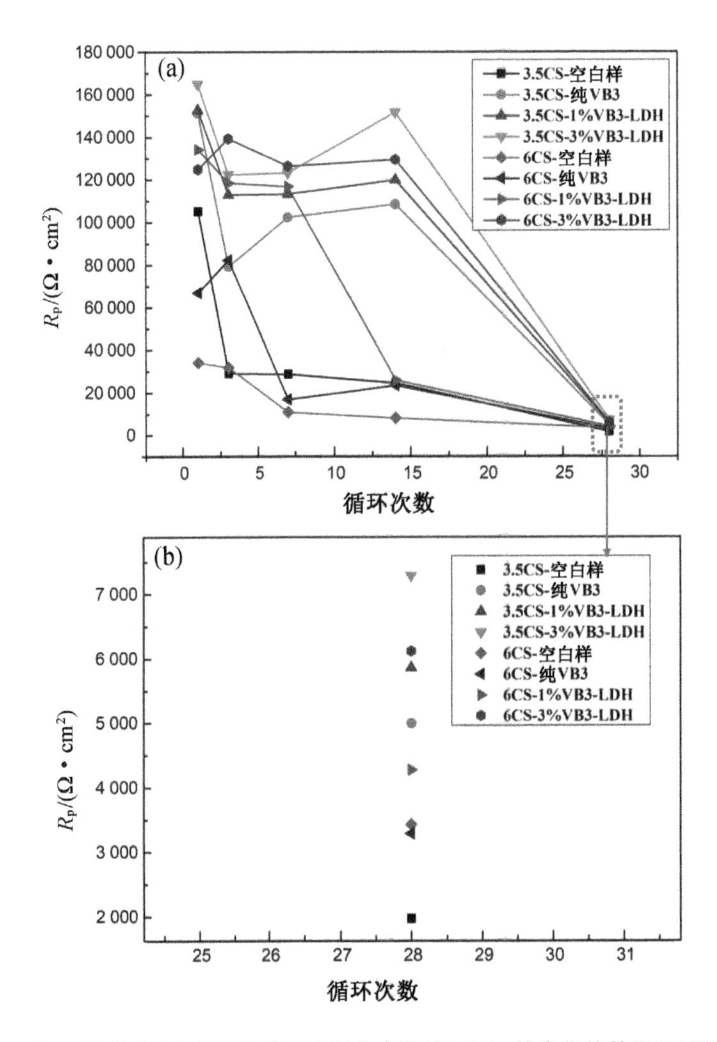

图 5.39　在 CS 溶液中 28 个干湿循环内极化电阻值(a)R_p 的变化趋势及(b)局部放大图

图 5.40 为 1 个干湿循环下的阻锈效率，在 3.5CS 环境中，纯 VB3、1% VB3-LDH 和 3% VB3-LDH 的阻锈效率分别为 33.8%、34.4%和 36.1%，3%掺量 VB3-LDH 的阻锈效率相对于纯 VB3 提升幅度仅为 6.8%，这说明在腐蚀早期 VB3-LDH 的多重效应发挥不明显。在 6CS 环境中，纯 VB3、1% VB3-LDH 和 3% VB3-LDH 的阻锈效率分别为 49.7%、74.6%和 72.6%，1%和 3% VB3-LDH 的阻锈效率相对于纯 VB3 分别提升了 50.1%和 46.1%，这说明在更高浓度的氯化钠-硫酸根复合腐蚀环境中，腐蚀早期 VB3-LDH 对纯 VB3 的防腐性能的提升就有较为明显的作用。

图 5.41 为 14 个干湿循环后不同试样的阻锈效率，可以看出，在 3.5CS 的环境下，3%

VB3-LDH 的阻锈效率为 83.8%，相对于纯 VB3 提升了 22.9%，这较 1 个干湿循环时的提升幅度更为明显，说明随着腐蚀龄期的延长，VB3-LDH 相对于纯 VB3 的性能提升幅度更大。在 6CS 的环境下，3% VB3-LDH 的阻锈效率为 93.7%，相对于纯 VB3 提升了 44.2%。可以看出，VB3-LDH 在更高浓度下的防腐性能提升幅度更大，表明其在高浓度下可能更加能发挥出理想的效果。

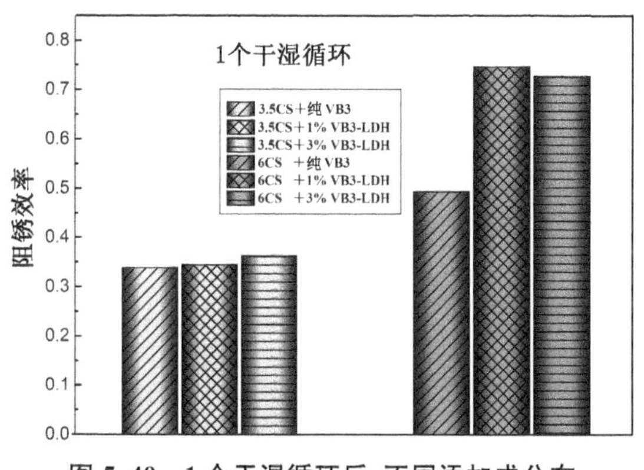

图 5.40 1 个干湿循环后，不同添加成分在不同侵蚀离子浓度下的阻锈效率

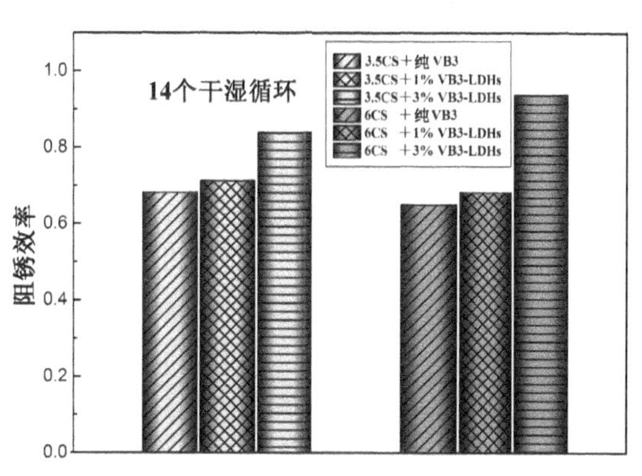

图 5.41 14 个干湿循环后，不同添加成分在不同侵蚀离子浓度下的阻锈效率

从上述关于阻锈效率的分析可以看出，在 3.5CS 环境中，干湿循环早期，VB3-LDH 对纯 VB3 的阻锈能力提升作用并不明显，随着腐蚀龄期的延长，VB3-LDH 展示出一定的提升 VB3 阻锈能力的作用。而在 6CS 环境下，VB3-LDH 在 1 个干湿循环时就明显提升了纯 VB3 的阻锈效率。在整个腐蚀龄期内，VB3-LDH 在 6CS 中对 VB3 的防腐能力的提升作用都明显优于在 3.5CS 中。总的来说，在 CS 干湿循环的环境下，腐蚀龄期越长，或侵蚀离子浓度越高时，VB3-LDH 的益处更加明显。

从在单一氯离子、硫酸根加氯离子复合侵蚀下 VB3-LDH 的阻锈效率数据可以看出，VB3-LDH 在两种侵蚀环境下都对纯 VB3 的防腐能力有促进作用。但在单一氯化钠环境中的提升幅度明显更大，VB3-LDH 在单一氯化钠中的最大提升幅度达到 108.2%，而在硫酸根-氯离子复合环境中最大提升幅度约为 50%。这主要由两方面原因导致：一是由 VB3-LDH 对硫酸根离子的吸附造成的。在第三章的分析中，已经验证了当硫酸根离子和氯离子共存时，VB3-LDH 会优先吸附硫酸根离子。已经有多位学者研究发现，在一定的腐蚀龄期内，硫酸根对混凝土中的氯离子扩散有良好的抑制作用，这是因为硫酸根与水泥水化产生石膏等膨胀性产物，密实水泥基材料内部孔隙，提升氯离子传输难度，而 VB3-LDH 对于硫酸根的吸附将会减弱这一作用。另一方面，由于 VB3-LDH 对硫酸根的吸附，也就限制了其对氯离子的吸附，使钢筋遭受氯离子锈蚀的风险增加。

5.3.5.2 微观分析

图 5.42 为砂浆在 6CS 溶液中经历 28 次干湿循环后的 XRD 图谱，可以看出，XRD 的衍

射峰与 3.5CS 相比并无明显变化，但硫酸根的峰强度有所增加。

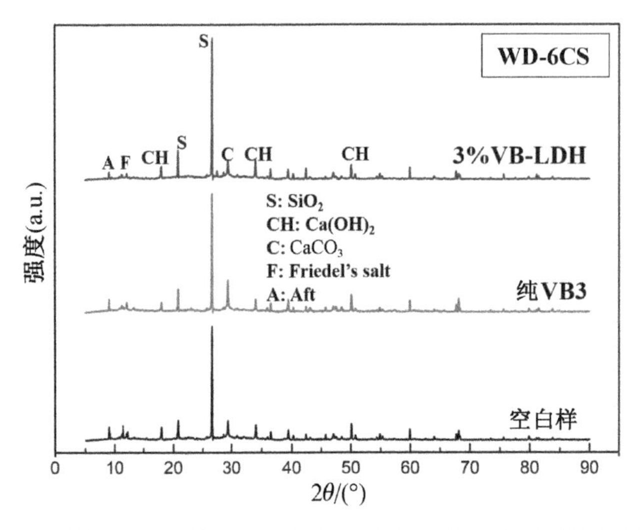

图 5.42　砂浆在 6% NaCl+6% Na_2SO_4 混合溶液中经历 28 次干湿循环后的 XRD 图谱

5.4　本章小结

本章基于实际工程中不同腐蚀环境的特点，设置了不同侵蚀离子种类以及不同的侵蚀方式，研究了 VB3-LDH 在不同环境中腐蚀抑制的规律和机理，具体结论如下：

(1) 在内掺 VB3-LDH 的砂浆块中，1%和 3%掺量的 VB3-LDH 在前 28 d 对砂浆中的钢筋均具有显著的防腐效果，相对于纯 VB3，其极化电阻 R_p 值分别提高了 9 000 Ω·cm² 和 8 000 Ω·cm² 左右。60 d 腐蚀后，3%掺量 VB3-LDH 的极化电阻 R_p 值仍然维持在 20 000 Ω·cm² 以上，远高于其他几种掺量 VB3-LDH 以及纯 VB3，对应的钢筋表面点蚀最少，说明 3%掺量的 VB3-LDH 具有最佳的长效防腐性能。XPS 分析表明，VB-LDH 释放的 VB3 能够在钢筋表面形成有机膜。

(2) 在 NaCl 干湿循环腐蚀下，当 NaCl 浓度为 3.5%时，在经历 14 个干湿循环后，VB3-LDH 使 VB3 的缓释效率提升了 40.67%。在 6% NaCl 中，相较于纯 VB3，VB3-LDH 展现出了更加优良的性能，在经历 14 个干湿循环后，VB3-LDH 对 VB3 阻锈效率的提升最大可达到 108.2%。总的来说，NaCl 浓度越高时，VB3-LDH 的多重效应更加显著。

(3) 在腐蚀早期(1 个干湿循环)，VB3-LDH 在 3.5% NaCl+3.5% Na_2SO_4(3.5CS) 溶液中的优势不明显，而在更高浓度的复合腐蚀环境中(6% NaCl+6% Na_2SO_4,6CS)，腐蚀早期 VB3-LDH 对纯 VB3 的防腐性能的提升就有较为明显的作用。而在经历 14 个干湿循环后，VB3-LDH 在 3.5CS 和 6CS 中的阻锈效率相对于纯 VB3 都有明显提高。总的来说，在 CS 溶液中，腐蚀龄期越长，侵蚀离子浓度越高，VB3-LDH 效果越优异。

（4）在单一氯化钠和硫酸根-氯离子复合存在的环境中，VB3-LDH 都能不同程度上提升纯 VB3 的防腐能力，但在纯氯化钠环境中的提升幅度高于在硫酸根-氯离子的复合环境。这一方面是由 VB3-LDH 对硫酸根离子的吸附造成的，硫酸根与水泥水化产物发生反应生成石膏等膨胀性产物，密实水泥基材料内部孔隙，提升氯离子传输难度，而 VB3-LDH 对硫酸根的吸附将会减弱这一作用。另一方面，由于 VB3-LDH 对硫酸根的吸附，也就限制了其对氯离子的吸附，使钢筋遭受氯离子锈蚀的风险增加。

（5）关于 VB3-LDH 在不同环境中对纯 VB3 防腐性能的提升机理，一方面是因为 VB3-LDH 改善了水泥基材料的孔隙结构，提升其抗离子侵蚀能力，另一方面得益于 VB3-LDH 的离子交换作用，VB3-LDH 释放层间阻锈剂的同时，有效吸附环境中的侵蚀性离子，发挥协同效应。

第六章　结论与展望

6.1　结论

本书针对目前阻锈剂插层水滑石在钢筋混凝土腐蚀防护中存在的问题，优选了绿色有机阻锈剂维生素 B3 作为插层阻锈剂，基于层状双氢氧化物的结构记忆效应，设计制备了维生素 B3 插层层状双氢氧化物(VB3-LDH)；探明了合成条件对 VB3-LDH 可控制备的影响机制；率先将 VB3-LDH 作为阻锈成分引入钢筋混凝土中，探明了 VB3-LDH 在不同 pH、离子环境下的离子置换机制，揭示了不同掺量 VB3-LDH 对水泥水化过程以及力学性能的影响规律，阐明了 VB3-LDH 在不同腐蚀环境、腐蚀强度以及不同腐蚀时长下对砂浆中钢筋的腐蚀抑制机制，为 VB3-LDH 在实际钢筋混凝土工程中的应用提供了理论支持。本书主要取得如下结果：

(1) 研究了不同合成方法及合成条件对 VB3-LDH 合成效果的影响，分析了 VB3 与 LDH 的结合机制，评价了 VB3-LDH 在混凝土模拟孔溶液中的防腐能力。

① VB3-LDH 的制备与结合机制：对比研究了共沉淀法和焙烧复原法对 VB3 在镁铝水滑石中的插层效果的影响，从 VB3 负载率、合成稳定性、操作简便程度、实际应用前景等角度来分析，焙烧复原法更适合制备 VB3-LDH。在合成条件 450-11-50-15 下合成效果最优，VB3 的负载率达到了 24.4%。通过一系列微观表征证明了 VB3 分子成功地插层进入 LDH 中间层中，而不仅是吸附在水滑石表面，VB3 与 LDH 是通过静电力及氢键相结合。插层 VB3 后，LDH 层间距由 0.3 nm 扩展到 0.7 nm。

② 在 SCPs 中的防腐效果：通过电化学实验，发现 VB3-LDH 具有显著的防腐效果。在包含 3.5% NaCl 的 SCPs 溶液中，最大阻锈效率为 86.5%。VB3-LDH 的防腐效果主要取决于以下几方面：首先，水滑石中插层的 VB3 阻锈剂被释放到溶液中，保护碳钢免受腐蚀；其次，还能利用其离子交换特性吸附溶液中的氯离子；最后，VB3-LDH 的缓释作用有利于阻锈剂分子在钢筋表面更加均匀、致密地成膜，进而提升阻锈性能。

(2) 研究了 VB3-LDH 在不同混凝土模拟液中的离子吸附和释放规律以及相关作用机制。

① 离子吸附和释放规律：在单一氯离子环境中，随着溶液 pH 从 12.6 降低至 10，VB3-

LDH 的氯离子吸附能力从 60.5 mg/g 提升至 95.8 mg/g，说明随着混凝土受到碳化侵蚀，VB3-LDH 的氯离子吸附能力得到提升。而当硫酸根离子与氯离子共存时，VB3-LDH 对氯离子的吸附能力从 60.5 mg/g 降低至 19.8 mg/g，说明 VB3-LDH 会优先吸附硫酸根离子。因此可以理解为 VB3-LDH 的阴离子置换能力是随“需求”而变化的，当混凝土中钢筋的腐蚀倾向越重时，VB3-LDH 的阴离子吸附能力越强。溶液的 pH 下降对 VB3 释放的影响较小，pH12.6 和 pH10 的含氯模拟液中的最大释放量相近（皆为 73%左右）。添加硫酸根以后，VB3 的释放速率加快，总释放量也增加，释放量提升到 84.4%。

② 离子置换机制：VB3-LDH 对氯离子的吸附过程更加适合准二级动力学方程，这说明化学反应是 VB3-LDH 吸附氯离子过程的限速步骤。内颗粒扩散拟合结果表明，VB3-LDH 对氯离子的吸附主要包括快速吸附、缓慢吸附和吸脱附平衡三个阶段，内颗粒扩散为主要的速率控制步骤。VB3-LDH 在不同溶液环境中对氯离子的吸附等温曲线都高度符合 Langmuir 等温模型，说明 VB3-LDH 对于氯离子吸附具有均匀和单分子层吸附的特征。XRD 结果证实了硫酸根离子插入水滑石层间，表明 VB3-LDH 主要通过离子交换作用进行离子吸附和释放。VB3-LDH 中 VB3 的释放过程符合准二级动力学模型和 Bhaskar 模型，表明 VB3 的释放是一个内扩散控制过程。

（3）研究了不同掺量 VB3-LDH 对水泥基材料水化过程、孔隙结构以及力学性能等的影响规律和机理。

① 水泥水化及微观结构：通过一系列微观表征可知，VB3-LDH 不会改变水泥的水化产物种类，但是能促进水泥的水化，进而生成更多的水化产物。VB3-LDH 对总孔隙率影响并不明显，但是能够明显降低有害孔占比。这是因为 VB3-LDH 的加入能促进水泥水化，得益于 VB3-LDH 发挥了晶核效应、微集料-填充效应、内养护效应。

② 力学性能：3%掺量的 VB3-LDH 对水泥基材料的力学性能有明显的促进作用，在养护 28 d 后，抗折和抗压强度相对空白样分别提升了 14.18%和 9.87%，这得益于 VB3-LDH 对水泥基材料的孔隙结构的改善作用。但随着 VB3-LDH 掺量进一步增加到 6%时，水泥基材料的力学性能反而出现下降，这主要是由于掺量过高时，VB3-LDH 在水泥基材料中的分散性降低。

（4）研究了不同腐蚀模式、不同侵蚀离子种类下，VB3-LDH 对钢筋砂浆的腐蚀抑制机制。

① 氯化钠环境：在内掺氯化钠的砂浆块中，1%和 3%掺量的 VB3-LDH 在前 28 d 对砂浆中钢筋的防腐效果明显优于纯 VB3。60 d 腐蚀后，3%掺量 VB3-LDH 的极化电阻 R_p 值仍然维持在 20 000 $\Omega \cdot cm^2$ 以上，远高于其他几种掺量的 VB3-LDH 以及纯 VB3。在 NaCl 干湿循环腐蚀下，VB3-LDH 在高浓度氯化钠溶液（6%）中对于纯 VB3 的阻锈效率的提升幅度最大可达到 108.2%；而在同时期的低浓度氯化钠溶液（3.5%）中，VB3-LDH 使 VB3 的缓释效率提

升幅度降低，为 40.67%。总的来说，NaCl 浓度越高时，VB3-LDH 的多重效应更加显著。

② 氯离子-硫酸根共存环境：在腐蚀早期(1 个干湿循环后)，VB3-LDH 在 3.5% NaCl+3.5% Na_2SO_4(3.5CS)溶液中的优势不明显，而在更高浓度的氯化钠-硫酸根复合腐蚀环境中(6% NaCl+6% Na_2SO_4，6CS)，腐蚀早期 VB3-LDH 的防腐作用就明显优于纯 VB3。而在经历 14 个干湿循环后，VB3-LDH 在 3.5CS 和 6CS 中的阻锈效率相对于纯 VB3 都有明显提高。总的来说，在 CS 溶液中，腐蚀龄期越长，侵蚀离子浓度越高，VB3-LDH 效果越优异。

VB3-LDH 能够提升纯 VB3 的防腐性能，但在纯氯离子侵蚀环境中的提升作用优于氯离子-硫酸根共存环境。这首先是由于 VB3-LDH 吸附了硫酸根离子，水泥基材料中的硫酸根会与水泥水化产物发生反应生成石膏等膨胀性产物，密实水泥基材料内部孔隙，提升氯离子传输难度，而 VB3-LDH 对于硫酸根的吸附将会减弱这一作用。其次，在硫酸根-氯离子共存溶液中，VB3-LDH 会优先吸附硫酸根离子，致使对氯离子的吸附能力大幅度下降，钢筋锈蚀风险增加。

③ 作用机理：关于 VB3-LDH 在不同环境中对纯 VB3 防腐性能的提升机理，一方面是因为 VB3-LDH 通过影响水泥水化过程及填充效应，改善了水泥基材料的孔隙结构，提升其抗离子侵蚀能力；另一方面得益于 VB3-LDH 的离子交换作用，VB3-LDH 释放层间阻锈剂的同时，有效吸附环境中的侵蚀性离子，发挥协同效应。

6.2 创新点

(1) 开发了一种具有氯离子固化和阻锈剂缓释双重功能的钢筋混凝土防护新材料 VB3-LDH。优选绿色有机阻锈剂 VB3 作为插层阻锈剂，研究了合成条件对 VB3-LDH 可控制备的影响规律，揭示了 VB3 与 LDH 的结合机制。

阻锈剂插层水滑石(INT-LDH)具备良好的缓释阻锈剂和吸附侵蚀性阴离子的能力，是当前阻锈剂技术研究的一个重要课题。然而，目前研究中所采用的插层阻锈剂仍然以亚硝酸盐等污染较大的阻锈剂为主，采用绿色无污染的阻锈剂插层制备 INT-LDH 的研究较为少见。本书优选一种绿色有机阻锈剂维生素 B3(VB3)作为插层阻锈剂，采用焙烧复原法制备了 VB3 阻锈剂插层水滑石(VB3-LDH)。

此外，阻锈剂在 LDH 层间的插层效果受合成方法与合成参数的影响较大，与具体的插层阻锈剂种类也密切相关。目前的研究中关于不同合成方法、不同合成条件对阻锈剂在 LDH 中插层效果的影响关注较少，且不同研究中的相关结论差异较大，对阻锈剂与 LDH 的结合过程和结合机制的了解尚不清晰。本书系统评估了共沉淀法和焙烧复原法制备 VB3-LDH 的效果，并探明了 VB3-LDH 的最佳合成参数，揭示了 VB3 与 LDH 的结合机制。

（2）揭示了在不同侵蚀环境下，VB3-LDH 的氯离子吸附和阻锈剂缓释动力学机制。率先将 VB3-LDH 引入钢筋混凝土腐蚀抑制中，探明了 VB3-LDH 在碳化、硫酸根离子共存环境下的离子置换规律和机理。

阻锈剂插层水滑石（INT-LDH）缓释阻锈剂和吸附氯离子的过程对其最终的阻锈效率有着重要影响。但目前的研究更关注 INT-LDH 的氯离子吸附能力，而对 INT-LDH 中阻锈剂的释放速率、释放量等因素研究较少。此外，真实服役环境中的钢筋混凝土往往面临复杂的多种侵蚀因素共同作用的情况，以往的研究大多只是关注在单一环境中 INT-LDH 的作用机制，而对多因素干扰下 INT-LDH 的缓释和吸附规律研究很少。同时，在钢筋混凝土防腐领域，对于 INT-LDH 的吸附和释放过程中的动力学机制关注较少，对吸附、释放的具体过程理解不深入。本书系统研究了 VB3-LDH 在硫酸根和氯离子共存、碳化等多因素干扰下 VB3 缓释和氯离子吸附的规律，采用多种动力学模型模拟了离子置换过程，探明了不同离子环境及 pH 下 VB3-LDH 的离子吸附和阻锈剂缓释机制，揭示了 VB3-LDH 在模拟混凝土孔溶液中的腐蚀抑制机理。

（3）探明了 VB3-LDH 对水泥水化进程及孔结构形成机制的影响规律，揭示了 VB3-LDH 对水泥基材料水化过程、结构密实度以及力学性能的影响机理。

要实现 VB3-LDH 对混凝土中钢筋的腐蚀抑制作用，清晰地探究其对水泥基材料自身性能的影响规律是基本前提。目前对于阻锈剂插层水滑石（INT-LDH）的研究中，更多的关注点集中在其腐蚀防护性能及机理，对其与水泥基材料之间的兼容性问题关注较少。本书系统研究了不同掺量 VB3-LDH 对水泥基材料水化过程、微观结构、力学性能的影响规律，探明了 VB3-LDH 对水泥基材料孔结构变化特征的调控机理，建立了孔隙特征、力学性能与 VB3-LDH 掺量的关系，揭示了 VB3-LDH 影响水泥基材料性能的机理。

（4）揭示了 VB3-LDH 对复杂腐蚀环境下砂浆中钢筋的阻锈机制，阐明了 VB3-LDH 对不同腐蚀环境、腐蚀模式以及腐蚀强度下砂浆中钢筋的腐蚀抑制机制。

在实际工程中，钢筋混凝土结构往往遭受混凝土内部氯离子侵蚀及干湿循环模式下的氯离子侵蚀，不同腐蚀模式对钢筋锈蚀的影响存在较大差异。此外，在实际腐蚀环境中，往往是多种离子共存，这比单一离子侵蚀的情况要复杂很多。目前关于阻锈剂插层水滑石的研究，大多只是关注单一氯离子侵蚀下的防腐机理，缺乏在复杂腐蚀环境中的研究。本书系统研究了纯 VB3 以及不同掺量 VB3-LDH 在不同侵蚀离子浓度、离子种类、侵蚀模式下的阻锈机制，为 VB3-LDH 在实际钢筋混凝土工程中的应用奠定了理论基础。

6.3　展望

尽管本书针对 VB3-LDH 的可控制备、离子置换机制、阻锈机制进行了系统的研究，也得出了一些有价值的结论，但是仍然存在一些局限性问题，需要对以下问题进行进一步的研究：

（1）目前阻锈剂插层水滑石的制备过程复杂，对整个合成过程的精度要求较高，要保证稳定、优质的合成效果不易。后期的研究中，应着力探索出更加经济、便利的合成方法，以提高其在实际工程中应用的可能性。

（2）高掺量情况下，VB3-LDH 材料在水泥基材料中的分散性不佳的问题还未解决。若要保证足够的 Cl^- 置换能力，则需要尽可能追求 VB3-LDH 的小尺寸、高掺量，然而尺寸越小，掺量越高，又更易团聚。因此如何使 VB3-LDH 在混凝土中具备良好的分散性具有十分重要的现实意义。

（3）在长期服役过程中，随着混凝土内部环境的变化，被 LDH 固定的 Cl^- 极有可能再次释放重新成为自由氯离子，对钢筋混凝土结构造成二次危害，如何防止 LDH 中的 Cl^- 再次释放是一个值得关注的问题。

（4）本书开发的 VB3-LDH 阻锈材料仍处于实验室研究阶段，因此下一阶段应重点研究 VB3-LDH 在钢筋混凝土工程中的应用技术，以期使 VB3-LDH 最终能得到较好的商业化推广和规模化应用。

参考文献

[1] Mundra S, Criado M, Bernal S A, et al. Chloride-induced corrosion of steel rebars in simulated pore solutions of alkali-activated concretes[J]. Cement and Concrete Research, 2017, 100: 385-397.

[2] Asipita S A, Ismail M, Majid M Z A, et al. Green Bambusa Arundinacea leaves extract as a sustainable corrosion inhibitor in steel reinforced concrete[J]. Journal of Cleaner Production, 2014, 67: 139-146.

[3] Jin M, Jiang L H, Lu M T, et al. Monitoring chloride ion penetration in concrete structure based on the conductivity of graphene/cement composite[J]. Construction and Building Materials, 2017, 136: 394-404.

[4] Tang S W, Yao Y, Andrade C, et al. Recent durability studies on concrete structure[J]. Cement and Concrete Research, 2015, 78: 143-154.

[5] Dhouibi L, Triki E, Raharinaivo A, et al. The application of electrochemical impedance spectroscopy to determine the long-term effectiveness of corrosion inhibitors for steel in concrete[J]. Cement and Concrete Composites, 2002, 24(1): 35-43.

[6] Glass G K, Buenfeld N R. The influence of chloride binding on the chloride induced corrosion risk in reinforced concrete[J]. Corrosion Science, 2000, 42(2): 329-344.

[7] Etteyeb N, Dhouibi L, Takenouti H, et al. Protection of reinforcement steel corrosion by phenyl phosphonic acid pre-treatment PART Ⅰ: Tests in solutions simulating the electrolyte in the pores of fresh concrete[J]. Cement and Concrete Composites, 2015, 55: 241-249.

[8] Etteyeb N, Dhouibi L, Takenouti H, et al. Protection of reinforcement steel corrosion by phenylphosphonic acid pre-treatment PART Ⅱ: Tests in mortar medium[J]. Cement and Concrete Composites, 2016, 65: 94-100.

[9] Broomfield J P. Corrosion of steel in concrete: understanding, investigation and repair[M]. London: E & FN Spon, 1997.

[10] 郑海兵. 镀锌钢筋在内掺辅助胶凝材料混凝土中的防腐蚀机理[D]. 青岛:中国科学院大学(中国科学院海洋研究所),2018.

[11] 朱洋洋. pH 敏感型有机微纳阻锈胶囊的设计制备及阻锈机理的研究[D]. 广州:华南理工大学,2018.

[12] 田惠文. 环境友好型钢筋阻锈剂的防腐性能和机理研究[D]. 青岛:中国科学院研究生院(海洋研究

所),2012.

[13] Cramer S D, Covino B S Jr, Bullard S J, et al. Prevention of chloride-induced corrosion damage to bridges[J]. Transactions of the Iron and Steel Institute of Japan, 2002, 42(12): 1376-1385.

[14] Zhang F, Pan J S, Lin C J. Localized corrosion behaviour of reinforcement steel in simulated concrete pore solution[J]. Corrosion Science, 2009, 51(9): 2130-2138.

[15] 赵卓,张敏,曾力. 受氯离子侵蚀钢筋混凝土结构的耐久性检测诊断[J]. 郑州大学学报(工学版), 2006,27(3):30-33.

[16] Al-Bahar S, Attiogbe E K, Kamal H. Investigation of corrosion damage in a reinforced concrete structure in Kuwait[J]. ACI Materials Journal, 1998, 95(3): 226-231.

[17] Hou B R, Li X G, Ma X M, et al. The cost of corrosion in China[J]. NPJ Materials Degradation, 2017, 1(1): 4.

[18] Zheng H B, Dai J G, Hou L, et al. Enhanced passivation of galvanized steel bars in nano-silica modified cement mortars[J]. Cement and Concrete Composites, 2020, 111: 103626.

[19] Zheng H B, Dai J G, Poon C S, et al. Influence of calcium ion in concrete pore solution on the passivation of galvanized steel bars[J]. Cement and Concrete Research, 2018, 108: 46-58.

[20] Bertolini L, Elsener B, Pedeferri P, et al. Corrosion of steel in concrete[M]. New Jersey: Wiley, 2013.

[21] Seneviratne A M G, Sergi G, Page C L. Performance characteristics of surface coatings applied to concrete for control of reinforcement corrosion[J]. Construction and Building Materials, 2000, 14(1): 55-59.

[22] Ryu H S, Singh J K, Lee H S, et al. Effect of $LiNO_2$ inhibitor on corrosion characteristics of steel rebar in saturated $Ca(OH)_2$ solution containing NaCl: An electrochemical study[J]. Construction and Building Materials, 2017, 133: 387-396.

[23] Ormellese M, Lazzari L, Goidanich S, et al. A study of organic substances as inhibitors for chloride-induced corrosion in concrete[J]. Corrosion Science, 2009, 51(12): 2959-2968.

[24] Wang Y Q, Kong G. Corrosion inhibition of galvanized steel by MnO_4^--ion as a soluble inhibitor in simulated fresh concrete environment[J]. Construction and Building Materials, 2020, 257: 119532.

[25] Pan C G, Chen N, He J Z, et al. Effects of corrosion inhibitor and functional components on the electrochemical and mechanical properties of concrete subject to chloride environment[J]. Construction and Building Materials, 2020, 260: 119724.

[26] Yang R J, Guo Y, Tang F M, et al. Effect of sodium D-gluconate-based inhibitor inpreventing corrosion of reinforcing steel in simulated concrete pore solutions[J]. Acta Physico-Chimica Sinica, 2012, 28(8): 1923-1928.

[27] Zhou Y W, Zheng X B, Xing F, et al. Investigation on the electrochemical and mechanical performance of CFRP and steel-fiber composite bar used for impressed current cathodic protection anode[J]. Construction and Building Materials, 2020, 255: 119377.

[28] Cao Y H, Zheng D J, Dong S G, et al. A composite corrosion inhibitor of MgAl layered double hydroxides co-intercalated with hydroxide and organic anions for carbon steel in simulated carbonated concrete pore solutions[J]. Journal of the Electrochemical Society, 2019, 166(11): C3106 - C3113.

[29] Cao Y H, Dong S G, Zheng D J, et al. Multifunctional inhibition based on layered double hydroxides to comprehensively control corrosion of carbon steel in concrete[J]. Corrosion Science, 2017, 126: 166-179.

[30] Tian Y W, Dong C F, Wang G, et al. Zn-Al-NO_2 layered double hydroxide as a controlled-release corrosion inhibitor for steel reinforcements[J]. Materials Letters, 2019, 236: 517-520.

[31] Yang Z X, Fischer H, Cerezo J, et al. Aminobenzoate modified MgAl hydrotalcites as a novel smart additive of reinforced concrete for anticorrosion applications[J]. Construction and Building Materials, 2013, 47: 1436-1443.

[32] Anstice D J, Page C L, Page M M. The pore solution phase of carbonated cement pastes[J]. Cement and Concrete Research, 2005, 35(2): 377-383.

[33] Michel A, Nygaard P V, Geiker M R. Experimental investigation on the short-term impact of temperature and moisture on reinforcement corrosion[J]. Corrosion Science, 2013, 72: 26-34.

[34] 乔冰．氯离子对钢筋腐蚀行为的影响及其缓蚀剂的研究[D]. 厦门:厦门大学,2009.

[35] 唐方苗,徐晖,陈雯,等．模拟混凝土孔隙液中钢筋电化学腐蚀行为及 pH 值的影响作用[J]. 功能材料,2011,42(2):291-293.

[36] Huet B, L'Hostis V, Miserque F, et al. Electrochemical behavior of mild steel in concrete: Influence of pH and carbonate content of concrete pore solution[J]. Electrochimica Acta, 2006, 51(1): 172-180.

[37] 刘晓敏,宋光铃,林海潮,等．混凝土中钢筋腐蚀破坏的研究概况[J]. 材料保护,1996,29(6): 16-19.

[38] Yu H, Chiang K T K, Yang L T. Threshold chloride level and characteristics of reinforcement corrosion initiation in simulated concrete pore solutions[J]. Construction and Building Materials, 2012, 26(1): 723-729.

[39] Hausmann D. Steel corrosion in concrete: How does it occur? [J]. Materials Protection, 1967, 6(11): 19-23.

[40] Kitowski C J, Wheat H G. Effect of chlorides on reinforcing steel exposed to simulated concrete solutions[J]. CORROSION, 1997, 53(3): 216-226.

[41] 卢木,王濮信,卢金勇．混凝土中钢筋锈蚀的研究现状[J]. 混凝土,2000(2):37-41.

[42] 余红发．盐湖地区高性能混凝土的耐久性、机理与使用寿命预测方法[D]. 南京:东南大学,2004.

[43] 金祖权．西部地区严酷环境下混凝土的耐久性与寿命预测[D]. 南京:东南大学,2006.

[44] 刘玉静．水泥基材料在硫酸盐—氯盐侵蚀下的破坏与评价[D]. 南京:东南大学,2016.

[45] Shaheen F, Pradhan B. Effect of chloride and conjoint chloride-sulfate ions on corrosion of reinforcing steel in electrolytic concrete powder solution (ECPS)[J]. Construction and Building Materials,

2015，101：99-112.

[46] Qiao H，Zhang Z，Gao S，et al. Electrochemical corrosion behavior of reinforcing steel in coupling environment of sulphate with chloride[J]. Journal of Lanzhou University of Technology，2017，43(4)：132-136.

[47] Liu G J，Zhang Y S，Ni Z W，et al. Corrosion behavior of steel submitted to chloride and sulphate ions in simulated concrete pore solution[J]. Construction and Building Materials，2016，115：1-5.

[48] Zou S，Zuo X，Tang Y，et al. Electrochemical and microscopic study of steel corrosion made by chloride ion under the influenced of sulfate[J]. Concrete，2019，361(11)：28-33.

[49] Zuo X，Qiu L，Tang Y，et al. Corrosion process of steel bar in cement pastes under combined action of chloride and sulfate attacks[J]. Journal of Building Materials，2017，20(3)：353-360.

[50] Pour-Ali S，Dehghanian，Kosari A. Corrosion protection of the reinforcing steels in chloride-laden concrete environment through epoxy/polyaniline-camphorsulfonate nanocomposite coating[J]. Corrosion Science，2015，90：239-247.

[51] Yang L H，Wan Y X，Qin Z L，et al. Fabrication and corrosion resistance of a graphene-tin oxide composite film on aluminium alloy 6061[J]. Corrosion Science，2018，130：85-94.

[52] 陈少鹏，俞小春，林国良. 水性环氧丙烯酸接枝共聚物的合成及固化[J]. 厦门大学学报（自然科学版），2007，46(1)：63-66.

[53] 沈人杰，郑茂盛，王强，等. 聚氨酯/环氧树脂互穿网络复合材料的防腐性能研究[J]. 应用化工，2007(9)：851-854.

[54] 郑耀臣，陈芳，夏晓平，等. 环氧-聚丙烯酸酯互穿网络防腐蚀涂料的研制[J]. 腐蚀与防护，2002，23(8)：367-368.

[55] Teng L W，Huang R，Chen J E，et al. A study of crystalline mechanism of penetration sealer materials[J]. Materials，2014，7(1)：399-412.

[56] Swamy R N，Suryavanshi A K，Tanikawa S. Protective ability of an acrylic-based surface coating system against chloride and carbonation penetration into concrete[J]. ACI Materials Journal，1998，95(2)：101-112.

[57] Moon H Y，Shin D G，Choi D S. Evaluation of the durability of mortar and concrete applied with inorganic coating material and surface treatment system[J]. Construction and Building Materials，2007，21(2)：362-369.

[58] Sistonen E，Cwirzen A，Puttonen J. Corrosion mechanism of hot-dip galvanised reinforcement bar in cracked concrete[J]. Corrosion Science，2008，50(12)：3416-3428.

[59] Assaad J J，Issa C A. Bond strength of epoxy-coated bars in underwater concrete[J]. Construction and Building Materials，2012，30：667-674.

[60] Moser R D，Singh P M，Kahn L F，et al. Chloride-induced corrosion resistance of high-strength stainless steels in simulated alkaline and carbonated concrete pore solutions[J]. Corrosion Science，2012，57：241-253.

[61] Almusallam A A, Khan F M, Dulaijan S U, et al. Effectiveness of surface coatings in improving concrete durability[J]. Cement and Concrete Composites, 2003, 25(4/5): 473-481.

[62] Ormellese M, Berra M, Bolzoni F, et al. Corrosion inhibitors for chlorides induced corrosion in reinforced concrete structures[J]. Cement and Concrete Research, 2006, 36(3): 536-547.

[63] Neville A, Aïtcin P C. High performance concrete: An overview[J]. Materials and Structures, 1998, 31(2): 111-117.

[64] 孙文博,高小建,杨英姿,等. 不同配合比混凝土的电化学除氯效果研究[J]. 腐蚀科学与防护技术, 2009,21(3):308-311.

[65] Tang J W, Li S L, Cai W C, et al. Investigation of inhibitor electromigration anticorrosion technology on reinforced concrete[J]. The Ocean Engineering, 2008(3): 87-92.

[66] 金伟良,黄楠,许晨,等. 双向电渗对钢筋混凝土修复效果的试验研究:保护层阻锈剂、氯离子和总碱度的变化规律[J]. 浙江大学学报(工学版),2014,48(9):1586-1594.

[67] 蒋正武. 碳化混凝土结构电化学再碱化的研究进展[J]. 材料导报,2008,22(2):78-81.

[68] 吴荫顺,曹备. 阴极保护和阳极保护:原理、技术及工程应用[M]. 北京:中国石化出版社,2007.

[69] Lee H S, Ryu H S, Park W J, et al. Comparative study on corrosion protection of reinforcing steel by using amino alcohol and lithium nitrite inhibitors[J]. Materials, 2015, 8 (1): 251-269.

[70] Garcés P, Saura P, Méndez A, et al. Effect of nitrite in corrosion of reinforcing steel in neutral and acid solutions simulating the electrolytic environments of micropores of concrete in the propagation period[J]. Corrosion Science, 2008, 50(2): 498-509.

[71] Bastidas D M, La Iglesia V M, Criado M, et al. A prediction study of hydroxyapatite entrapment ability in concrete[J]. Construction and Building Materials, 2010, 24(12): 2646-2649.

[72] 杜荣归,胡融刚,胡仁,等. 若干无机缓蚀剂对混凝土中钢筋的阻锈作用[J]. 厦门大学学报(自然科学版),2001,40(4):908-913.

[73] Blustein G, Zinola C F. Inhibition of steel corrosion by calcium benzoate adsorption in nitrate solutions: Theoretical and experimental approaches[J]. Journal of Colloid and Interface Science, 2004, 278(2): 393-403.

[74] Khomami M N, Danaee I, Attar A A, et al. Kinetic and thermodynamic studies of AISI 4130 steel alloy corrosion in ethylene glycol-water mixture in presence of inhibitors[J]. Metals and Materials International, 2013, 19: 453-464.

[75] Malaibari Z, Kahraman R, Rauf M A. Corrosion of inhibitor treated mild steel immersed in distilled water and a simulated salt solution[J]. Anti-Corrosion Methods and Materials, 2013, 60(5): 227-233.

[76] 巴恒静,赵炜璇. 利用极化电阻测试混凝土模拟孔隙溶液中钢筋锈蚀临界氯离子浓度[J]. 混凝土, 2010(12):1-4.

[77] Liu J Z, Ba H J. Study on diffusion of nitrite ions in concrete and on prediction for duration of protective effect of nitrites[J]. Journal of Wuhan University of Technology, 2003, 25(10): 39-42.

[78] 柳俊哲，冯奇，李玉顺．亚硝酸盐对混凝土中钢筋的阻锈效果[J]．硅酸盐学报，2004，32(7)：854-857.

[79] Page C L, Ngala V T, Page M M. Corrosion inhibitors in concrete repair systems[J]. Magazine of Concrete Research, 2000, 52(1): 25-37.

[80] Ngala V T, Page C L, Page M M. Corrosion inhibitor systems for remedial treatment of reinforced concrete Part 2: Sodium monofluorophosphate[J]. Corrosion Science, 2003, 45(7): 1523-1537.

[81] Bastidas D M, Criado M, La Iglesia V M, et al. Comparative study of three sodium phosphates as corrosion inhibitors for steel reinforcements[J]. Cement and Concrete Composites, 2013, 43(10): 31-38.

[82] Wombacher F, Maeder U, Marazzani B. Aminoalcohol based mixed corrosion inhibitors[J]. Cement and Concrete Composites, 2004, 26(3): 209-216.

[83] Jamil H E, Shriri A, Boulif R, et al. Electrochemical behaviour of amino alcohol-based inhibitors used to control corrosion of reinforcing steel[J]. Electrochimica Acta, 2004, 49(17/18): 2753-2760.

[84] Monticelli C, Frignani A, Trabanelli G. A study on corrosion inhibitors for concrete application[J]. Cement and Concrete Research, 2000, 30(4): 635-642.

[85] 施锦杰，孙伟．苯并三唑对模拟混凝土孔溶液中钢筋的阻锈作用[J]．功能材料，2010，41(12)：2147-2150.

[86] 赵冰，杜荣归，林昌健．三种有机缓蚀剂对钢筋阻锈作用的电化学研究[J]．电化学，2005，11(4)：382-386.

[87] Zhao Y Z, Pan T, Yu X T, et al. Corrosion inhibition efficiency of triethanolammonium dodecylbenzene sulfonate on Q235 carbon steel in simulated concrete pore solution[J]. Corrosion Science, 2019, 158: 108091-108097.

[88] Tourabi M, Nohair K, Traisnel M, et al. Electrochemical and XPS studies of the corrosion inhibition of carbon steel in hydrochloric acid pickling solutions by 3,5-bis(2-thienylmethyl)-4-amino-1, 2, 4-triazole[J]. Corrosion Science, 2013, 75: 123-133.

[89] Ashassi-Sorkhabi H, Shaabani B, Seifzadeh D. Corrosion inhibition of mild steel by some schiff base compounds in hydrochloric acid[J]. Applied Surface Science, 2005, 239(2): 154-164.

[90] Jiang S B, Jiang L H, Wang Z Y, et al. Deoxyribonucleic acid as an inhibitor for chloride-induced corrosion of reinforcing steel in simulated concrete pore solutions[J]. Construction and Building Materials, 2017, 150: 238-247.

[91] Jiang S B, Gao S, Jiang L, et al. Effects of deoxyribonucleic acid on cement paste properties and chloride-induced corrosion of reinforcing steel in cement mortars[J]. Cement and Concrete Composites, 2018, 91: 87-96.

[92] Liu Y Q, Song Z J, Wang W Y, et al. Effect of ginger extract as green inhibitor onchloride-induced corrosion of carbon steel in simulated concrete pore solutions[J]. Journal of Cleaner Production,

2019, 214: 298-307.

[93] Martinez S, Valek L, Oslaković I S. Adsorption of organic anions on low-carbon steel in saturated $Ca(OH)_2$ and the HSAB principle[J]. Journal of the Electrochemical Society, 2007, 154(11): C671.

[94] El Bribri A, Tabyaoui M, Tabyaoui B, et al. The use of Euphorbia falcata extract as eco-friendly corrosion inhibitor of carbon steel in hydrochloric acid solution[J]. Materials Chemistry and Physics, 2013, 141(1): 240-247.

[95] Oguzie E E, Iheabunike Z O, Oguzie K L, et al. Corrosion inhibiting effect of Aframomum melegueta extracts and adsorption characteristics of the active constituents on mild steel in acidic media[J]. Journal of Dispersion Science and Technology, 2013, 34(4): 516-527.

[96] de Oliveira Ramos R, Battistin A, Gonçalves R S. Alcoholic *Mentha* extracts as inhibitors of low-carbon steel corrosion in aqueous medium[J]. Journal of Solid State Electrochemistry, 2012, 16(2): 747-752.

[97] 罗永平. 自修复微胶囊的合成与应用研究[D]. 广州:华南理工大学,2011.

[98] Yow H N, Routh A F. Formation of liquid coreâpolymer shell microcapsules[J]. Soft Matter, 2006, 2(11): 940-949.

[99] 余志钢. 锈蚀钢筋混凝土结构性能和钢筋阻锈剂性能的研究及应用[D]. 长沙:湖南大学,2004.

[100] Dong B Q, Wang Y S, Fang G H, et al. Smart releasing behavior of a chemical self-healing microcapsule in the stimulated concrete pore solution[J]. Cement and Concrete Composites, 2015, 56: 46-50.

[101] Dong B Q, Ding W J, Qin S F, et al. Chemical self-healing system with novel microcapsules for corrosion inhibition of rebar in concrete[J]. Cement and Concrete Composites, 2018, 85: 83-91.

[102] Yang H, Li W H, Liu X Y, et al. Preparation of corrosion inhibitor loaded zeolites and corrosion resistance of carbon steel in simulated concrete pore solution[J]. Construction and Building Materials, 2019, 225: 90-98.

[103] 杨振国. 负载型月桂酸咪唑啉阻锈剂的制备及其对钢筋增强水泥基材料防护性能的研究[D]. 广州:华南理工大学,2018.

[104] Oestreicher V, Jobbágy M, Regazzoni A E. Halide exchange on Mg(Ⅱ)-Al(Ⅲ) layered double hydroxides: Exploring affinities and electrostatic predictive models[J]. Langmuir: the ACS Journal of Surfaces and Colloids, 2014, 30(28): 8408-8415.

[105] Sjåstad A O, Andersen N H, Vajeeston P, et al. On the thermal stability and structures of layered double hydroxides $Mg_{1-x}Al_x(OH)_2(NO_3)_x \cdot mH_2O(0.18 \leqslant x \leqslant 0.38)$[J]. European Journal of Inorganic Chemistry, 2015, 2015(10): 1775-1788.

[106] Pushparaj S S C, Forano C, Prevot V, et al. How the method of synthesis governs the local and global structure of zinc aluminum layered double hydroxides[J]. The Journal of Physical Chemistry C, 2015, 119(49): 27695-27707.

[107] Taviot-Guého C, Prévot V, Forano C, et al. Tailoring hybrid layered double hydroxides for the development of innovative applications[J]. Advanced Functional Materials, 2018, 28(27): 1703861-1703868.

[108] Zhao M M, Zhao Q X, Li B, et al. Recent progress in layered double hydroxide based materials for electrochemical capacitors: Design, synthesis and performance[J]. Nanoscale, 2017, 9: 15206-15225.

[109] Zubair M, Daud M, McKay G, et al. Recent progress in layered double hydroxides (LDH)-containing hybrids as adsorbents for water remediation[J]. Applied Clay Science, 2017, 143: 279-292.

[110] Zuo J D, Wu B, Luo C Y, et al. Preparation of MgAl layered double hydroxides intercalated with nitrite ions and corrosion protection of steel bars in simulated carbonated concrete pore solution[J]. Corrosion Science, 2019, 152: 120-129.

[111] Wang Q, O'Hare D. Recent advances in the synthesis and application of layered double hydroxide (LDH) nanosheets[J]. Chemical Reviews, 2012, 112(7): 4124-4155.

[112] Sasai R, Sato H, Sugata M, et al. Why do carbonate anions have extremely high stability in the interlayer space of layered double hydroxides? case study of layered double hydroxide consisting of Mg and Al (Mg/Al=2)[J]. Inorganic Chemistry, 2019, 58(16): 10928-10935.

[113] Santos R M M, Tronto J, Briois V, et al. Thermal decomposition and recovery properties of ZnAl-CO_3 layered double hydroxide for anionic dye adsorption: Insight into the aggregative nucleation and growth mechanism of the LDH memory effect[J]. Journal of Materials Chemistry A, 2017,5(20): 9998-10009.

[114] Patricio C L, Valim J B. Competition between three organic anions during regeneration process of calcined LDH [J]. Journal of Physics & Chemistry of Solids, 2004, 65(2/3): 481-485.

[115] Reichle W T, Kang S Y, Everhardt D S. The nature of the thermal decomposition of a catalytically active anionic clay mineral[J]. Journal of Catalysis, 1986, 101(2): 352-359.

[116] Wang H D, Liu Y H, Guo F M, et al. Catalytically active oil-based lubricant additives enabled by calcining Ni—Al layered double hydroxides[J]. The Journal of Physical Chemistry Letters, 2020, 11 (1): 113-120.

[117] Valcheva-Traykova M L, Davidova N, Weiss A H. Thermal decomposition of the Pb, Al-hydrotalcite material[J]. Journal of Materials Science, 1995, 30(3): 737-743.

[118] Zhou H G, Jiang Z M, Wei S Q. A new hydrotalcite-like absorbent FeMnMg-LDH and its adsorption capacity for Pb^{2+} ions in water [J]. Applied Clay Science, 2018, 153:29-37.

[119] Duan S B, Ma W, Cheng Z H, et al. Preparation of modified Mg/Al layered double hydroxide in saccharide system and its application to remove As(V) from glucose solution[J]. Colloids and Surfaces A: Physicochemical and Engineering Aspects, 2016, 490: 250-257.

[120] Ulibarri M A, Pavlovic I, Hermosín M C, et al. Hydrotalcite-like compounds as potential sorbents of phenols from water[J]. Applied Clay Science, 1995, 10(1/2): 131-145.

[121] Rao K K, Gravelle M, Valente J S, et al. Activation of Mg-Al hydrotalcite catalysts for aldol condensation reactions[J]. Journal of Catalysis, 1998, 173(1): 115-121.

[122] Venugopal A K, Venugopalan A T, Kaliyappan P, et al. Oxidative dehydrogenation of ethyl benzene to styrene over hydrotalcite derived cerium containing mixed metal oxides[J]. Green Chemistry, 2013, 15(11): 3259-3267.

[123] Bain J, Cho P, Voutchkova-Kostal A. Recyclable hydrotalcite catalysts for alcohol imination via acceptorless dehydrogenation[J]. Green Chemistry, 2015, 17(4): 2271-2280.

[124] Zeng H Y, Xu S, Liao M C, et al. Activation of reconstructed Mg/Al hydrotalcites in the transesterification of microalgae oil[J]. Applied Clay Science, 2014, 91/92: 16-24.

[125] Liu Z P, Ma R Z, Osada M, et al. Synthesis, anion exchange, and delamination of Co-Al layered double hydroxide: Assembly of the exfoliated nanosheet/polyanion composite films and magneto-optical studies[J]. Journal of the American Chemical Society, 2006, 128(14): 4872-4880.

[126] Li L A, Fang Y J, Li Y S. Fe_3O_4 core/layered double hydroxide shell nanocomposite: Versatile magnetic matrix for anionic functional materials[J]. Angewandte Chemie, 2009, 121(32): 6002-6002.

[127] Forticaux A, Dang L N, Liang H F, et al. Controlled synthesis of layered double hydroxide nanoplates driven by screw dislocations[J]. Nano Letters, 2015, 15(5): 3403-3409.

[128] Kwak S Y, Jeong Y J, Park J S, et al. Bio-LDH nanohybrid for gene therapy[J]. Solid State Ionics, 2002, 151(1/2/3/4): 229-234.

[129] Kwak S Y, Kriven W M, Wallig M A, et al. Inorganic delivery vector for intravenous injection[J]. Biomaterials, 2004, 25(28): 5995-6001.

[130] Gu Z, Thomas A C, Xu Z P, et al. In vitro sustained release of LMWH from MgAl-layered double hydroxide nanohybrids[J]. Chemistry of Materials, 2008, 20(11): 3715-3722.

[131] Ambrogi V, Fardella G, Grandolini G, et al. Effect of hydrotalcite-like compounds on the aqueous solubility of some poorly water-soluble drugs[J]. Journal of Pharmaceutical Sciences, 2003, 92(7): 1407-1418.

[132] Tyner K M, Schiffman S R, Giannelis E P. Nanobiohybrids as delivery vehicles for camptothecin[J]. Journal of Controlled Release, 2004, 95(3): 501-514.

[133] Shui Z H, Ma J T, Chen W, et al. Chloride binding capacity of cement paste containing layered double hydroxide (LDH)[J]. Journal of Testing and Evaluation, 2012, 40(5): 796-800.

[134] Geng H N, Duan P, Chen W, et al. Carbonation of sulphoaluminate cement with layered double hydroxides[J]. Journal of Wuhan University of Technology-Materials Science Edition, 2014, 29(1): 97-101.

[135] 陈国玮,水中和,段平,等. 插层材料-偏高岭土复合改性混凝土抗硫酸盐侵蚀[J]. 武汉理工大学学报,2014,36(8):1-5.

[136] Chen Y X, Shui Z H, Chen W, et al. Chloride binding of synthetic Ca-Al-NO_3 LDHs in hardened cement paste[J]. Construction and Building Materials, 2015, 93: 1051-1058.

[137] Guo L, Wu W, Zhou Y F, et al. Layered double hydroxide coatings on magnesium alloys: A review

[J]. 材料科学技术(英文版), 2018, 34(9): 1455-1466.
[138] Cao L, Guo J T, Tian J H, et al. Preparation of Ca/Al-layered double hydroxide and the influence of their structure on early strength of cement[J]. Construction and Building Materials, 2018, 184: 203-214.
[139] Qu Z Y, Yu Q L, Brouwers H J H. Relationship between the particle size and dosage of LDHs and concrete resistance against chloride ingress[J]. Cement and Concrete Research, 2018, 105: 81-90.
[140] Xu J X, Song Y B, Zhao Y H, et al. Chloride removal and corrosion inhibitions of nitrate, nitrite-intercalated MgAl layered double hydroxides on steel in saturated calciumhydroxide solution[J]. Applied Clay Science, 2018, 163: 129-136.
[141] Xu J X, Tan Q P, Mei Y J. Corrosion protection of steel by Mg-Al layered double hydroxides in simulated concrete pore solution: Effect of SO_4^{2-} [J]. Corrosion Science, 2020, 163: 108221-108223.
[142] Liu A, Tian H W, Li W H, et al. Delamination and self-assembly of layered double hydroxides for enhanced loading capacity and corrosion protection performance[J]. Applied Surface Science, 2018, 462: 175-186.
[143] Pan D K, Zhang H, Zhang T, et al. A novel organic-inorganicmicrohybrids containing anticancer agent doxifluridine and layered double hydroxides: Structure and controlled release properties[J]. Chemical Engineering Science, 2010, 65(12): 3762-3771.
[144] Galvão T L P, Neves C S, Zheludkevich M L, et al. How density functional theory surface energies may explain the morphology of particles, nanosheets, and conversion films based on layered double hydroxides[J]. The Journal of Physical Chemistry C, 2017, 121(4):2211-2220.
[145] Mishra G, Dash B, Pandey S. Layered double hydroxides: A brief review from fundamentals to application as evolving biomaterials[J]. Applied Clay Science, 2018, 153:172-186.
[146] von Hoessle F, Plank J, Leroux F. Intercalation of sulfonated melamine formaldehyde polycondensates into a hydrocalumite LDH structure[J]. Journal of Physics and Chemistry of Solids, 2015, 80: 112-117.
[147] Paušová Š, Krýsa J, Jirkovský J, et al. Insight into the photocatalytic activity of ZnCr-CO_3 LDH and derived mixed oxides[J]. Applied Catalysis B: Environmental, 2015, 170/171: 25-33.
[148] Nakayama H, Wada N, Tsuhako M. Intercalation of amino acids and peptides into Mg-Al layered double hydroxide by reconstruction method[J]. International Journal of Pharmaceutics, 2004, 269 (2): 469-478.
[149] Maziarz P, Matusik J, Straczek T, et al. Highly effective magnet-responsive LDH-Fe oxide composite adsorbents for As(Ⅴ) removal[J]. Chemical Engineering Journal, 2019, 362: 207-216.
[150] Wu B, Zuo J D, Dong B Q, et al. Study on the affinity sequence between inhibitor ions and chloride ions in MgAl layer double hydroxides and their effects on corrosion protection for carbon steel[J]. Applied Clay Science, 2019, 180: 105181.
[151] Mei Y J, Xu J X, Jiang L H, et al. Enhancing corrosion resistance of epoxy coating on steel rein-

forcement by aminobenzoate intercalated layered double hydroxides[J]. Progress in Organic Coatings, 2019, 134: 288-296.

[152] Yang Z, Fischer H, Cerezo J, et al. Modified hydrotalcites for improved corrosion protection of reinforcing steel in concrete-preparation, characterization, and assessment in alkaline chloride solution [J]. Materials & Corrosion/Werkstoffe and Corrosion, 2016, 67(7): 721-738.

[153] Tian Y W, Wen C, Wang G, et al. Inhibiting property of nitrite intercalated layered double hydroxide for steel reinforcement in contaminated concrete condition[J]. Journal of Applied Electrochemistry, 2020, 50(8): 835-849.

[154] Yang Z X, Fischer H, Polder R. Laboratory investigation of the influence of two types of modified hydrotalcites on chloride ingress into cement mortar[J]. Cement and Concrete Composites, 2015, 58: 105-113.

[155] Yang Z X, Polder R, Mol J M C, et al. The effect of two types of modified Mg-Al hydrotalcites on reinforcement corrosion in cement mortar[J]. Cement and Concrete Research, 2017, 100: 186-202.

[156] Yang Z X, Fischer H, Polder R. Synthesis and characterization of modified hydrotalcites and their ion exchange characteristics in chloride-rich simulated concrete pore solution[J]. Cement and Concrete Composites, 2014, 47: 87-93.

[157] Marcos-Meson V, Michel A, Solgaard A, et al. Corrosion resistance of steel fibre reinforced concrete: A literature review[J]. Cement and Concrete Research, 2018,103: 1-20.

[158] Wei J F, Xu J X, Mei Y J, et al. Chloride adsorption on aminobenzoate intercalated layered double hydroxides: Kinetic, thermodynamic and equilibrium studies[J]. Applied Clay Science, 2020, 187: 105495.

[159] Gomes C, Mir Z, Sampaio R, et al. Use of ZnAl-layered double hydroxide (LDH) to extend the service life of reinforced concrete[J]. Materials, 2020, 13(7):1769.

[160] Guan X M, Li H Y, Luo S H, et al. Influence of LiAl-layered double hydroxides with 3D micro-nano structures on the properties of calcium sulphoaluminate cement clinker[J]. Cement and Concrete Composites, 2016, 70: 15-23.

[161] Chen M Z, Wu F, Yu L W, et al. Chloride binding capacity of LDHs with various divalent cations and divalent to trivalent cation ratios in different solutions[J]. CrystEngComm, 2019, 21(44): 6790-6800.

[162] 田惠文,李伟华,王大鹏,等. 烟酸在铁钝化膜层表面的吸附机理[J]. 物理化学学报,2012,28(1): 137-145.

[163] Fan W, Zhang Y, Li W H, et al. Multi-level self-healing ability of shape memory polyurethane coating with microcapsules by induction heating[J]. Chemical Engineering Journal, 2019, 368: 1033-1044.

[164] Tian H W, Cheng Y F, Li W H, et al. Triazolyl-acylhydrazone derivatives as novel inhibitors for copper corrosion in chloride solutions[J]. Corrosion Science, 2015, 100: 341-352.

[165] Zeng R C, Liu Z G, Zhang F, et al. Corrosion of molybdate intercalated hydrotalcite coating on AZ31 Mg alloy[J]. Journal of Materials Chemistry A, 2014, 2(32): 13049-13057.

[166] Smalenskaite A, Vieira D E L, Salak A N, et al. A comparative study of co-precipitation and sol-gel synthetic approaches to fabricate cerium-substituted MgAl layered double hydroxides with luminescence properties[J]. Applied Clay Science, 2017, 143: 175-183.

[167] Zheludkevich M L, Poznyak S K, Rodrigues L M, et al. Active protection coatings with layered double hydroxide nanocontainers of corrosion inhibitor[J]. Corrosion Science, 2010, 52(2): 602-611.

[168] Poznyak S K, Tedim J, Rodrigues L M, et al. Novel inorganic host layered double hydroxides intercalated with guest organic inhibitors for anticorrosion applications[J]. ACS Applied Materials & Interfaces, 2009, 1(10): 2353-2362.

[169] Brindley G W, Kao C C. Structural and IR relations among brucite-like divalentmetal hydroxides[J]. Physics and Chemistry of Minerals, 1984, 10(4): 187-191.

[170] Devi A, Ramesh S, Periasamy V. Formation, investigation and characterization of self-assembled monolayers of 5-methyl-1,3,4-thiadiazole-2-thiol in corrosion protection of copper in neutral media [J]. Langmuir, 2015, 6(7): 28-41.

[171] Huang H J, Wang Z Q, Gong Y L, et al. Water soluble corrosion inhibitors for copper in 3.5 wt% sodium chloride solution[J]. Corrosion Science, 2017, 123: 339-350.

[172] Zhang J, Liu Z, Han G C, et al. Inhibition of copper corrosion by the formation of Schiff base self-assembled monolayers[J]. Applied Surface Science, 2016, 389: 601-608.

[173] Qu J, Zhong L H, Li Z, et al. Effect of anion addition on the syntheses of Ca-Al layered double hydroxide via a two-step mechanochemical process[J]. Applied Clay Science, 2016, 124/125: 267-270.

[174] Han P, Li W H, Tian H W, et al. Designing and fabricating of time-depend self-strengthening inhibitor film: Synergistic inhibition of sodium dodecyl sulfate and 4-mercaptopyridine for mild steel [J]. Journal of Molecular Liquids, 2018, 268: 425-437.

[175] Xiong C S, Li W H, Jin Z Q, et al. Preparation of phytic acid conversion coating and corrosion protection performances for steel in chlorinated simulated concrete pore solution[J]. Corrosion Science, 2018, 139: 275-288.

[176] Zheng H B, Li W H, Ma F B, et al. The performance of a surface-applied corrosion inhibitor for the carbon steel in saturated $Ca(OH)_2$ solutions[J]. Cement and Concrete Research, 2014, 55: 102-108.

[177] Qiang Y J, Zhang S T, Guo L, et al. Sodium dodecyl benzene sulfonate as a sustainable inhibitor for zinc corrosion in 26% NH_4Cl solution[J]. Journal of Cleaner Production, 2017, 152: 17-25.

[178] Yang D P, Ye Y W, Su Y, et al. Functionalization of citric acid-based carbon dots by imidazole toward novel green corrosion inhibitor for carbon steel[J]. Journal of Cleaner Production, 2019, 229:

180-192.

[179] Ryu H S, Singh J K, Yang H M, et al. Evaluation of corrosion resistance properties of N, N'-Dimethyl ethanolamine corrosion inhibitor in saturated $Ca(OH)_2$ solution with different concentrations of chloride ions by electrochemical experiments- Science Direct[J]. Construction and Building Materials, 2016, 114: 223-231.

[180] Criado M, Sobrados I, Bastidas J M, et al. Steel corrosion in simulated carbonated concrete pore solution its protection using sol-gel coatings[J]. Progress in Organic Coatings, 2015, 88: 228-236.

[181] Sánchez M,Gregori J, Alonso C, et al. Electrochemical impedance spectroscopy for studying passive layers on steel rebars immersed in alkaline solutions simulating concrete pores[J]. Electrochimica Acta, 2007, 52(27): 7634-7641.

[182] Tian H W, Li W H, Liu A, et al. Controlled delivery of multi-substituted triazole by metal-organic framework for efficient inhibition of mild steel corrosion in neutral chloride solution[J]. Corrosion Science, 2018, 131: 1-16.

[183] 陈涛. 刺激响应型纳米容器的制备及其在防腐涂层中的应用研究[D]. 南京:南京理工大学,2015.

[184] 张亚萍. 基于 LDHs 的倍他米松衍生物药物缓释体系的制备及性能研究[D]. 济南:山东大学,2018.

[185] 王永燎. 阴离子层状双氢氧化物(LDHs)的制备及氨基类药物的插层组装应用研究[D]. 广州:华南理工大学,2012.

[186] 张树芹. 蒙脱土、高岭土和层状双金属氢氧化物对 Pb 和对硝基苯酚的吸附研究[D]. 济南:山东大学,2007.

[187] Li Y J, Gao B Y, Wu T, et al. Adsorption kinetics for removal of thiocyanate from aqueous solution by calcined hydrotalcite[J]. Colloids and Surfaces A: Physicochemical and Engineering Aspects, 2006, 325(1/2): 38-43.

[188] Ho Y S, McKay G. The kinetics of sorption of divalent metal ions onto sphagnum moss peat[J]. Water Research, 2000, 34(3): 735-742.

[189] Yan L, Man C, Hao Y M. Study on the adsorption of Cu(Ⅱ) by EDTA functionalized Fe_3O_4 magnetic nano-particles[J]. Chemical Engineering Journal, 2013, 218: 46-54.

[190] Silva A M, Lima R M F, Leão V A. Mine water treatment with limestone for sulfate removal[J]. Journal of Hazardous Materials, 2012, 221/222: 45-55.

[191] Xu J X, Song Y B, Tan Q P, et al. Chloride absorption by nitrate, nitrite and aminobenzoate intercalated layered double hydroxides[J]. Journal of Materials Science, 2017, 52(10): 5908-5916.

[192] Ai L H, Zhang C Y, Meng L Y. Adsorption of methyl orange from aqueous solution on hydrothermal synthesized Mg-Al Layered double hydroxide[J]. Journal of Chemical & Engineering Data, 2011, 56(11): 4217-4225.

[193] Lv L, He J, Wei M, et al. Uptake of chloride ion from aqueous solution by calcined layered double hydroxides: Equilibrium and kineticstudies. [J]. Water Research, 2006, 40(4): 735-743.

[194] Ambrogi V, Fardella G, Grandolini G, et al. Intercalation compounds of hydrotalcite-like anionic clays with anti-inflammatory agents, Ⅱ: Uptake of diclofenac for a controlled release formulation [J]. AAPS PharmSciTech, 2002, 3(3): 26.

[195] 邹亢．水滑石型药物分子容器的构筑及释放机理研究[D]. 北京:北京化工大学,2008.

[196] 张用芳．羟基喜树碱的层状氢氧化物杂化复合体及聚乙二醇偶联物的合成、表征及性能[D]. 济南:山东大学,2018.

[197] 兀晓文．喜树碱插层 LDHs 纳米杂化物的制备、修饰及性能研究[D]. 济南:山东大学,2014.

[198] Cai P, Zheng H, Wang C, et al. Competitive adsorption characteristics of fluoride and phosphate on calcined Mg-Al-CO_3 layered double hydroxides[J]. Journal of Hazardous Materials, 2012, 213/214: 100-108.

[199] Bhaskar R, Murthy R S, Miglani B D, et al. Novel method to evaluate diffusion controlled release of drug from resinate[J]. International Journal of Pharmaceutics, 1986, 28(1): 59-66.

[200] Serra L, Doménech J, Peppas N A. Drug transport mechanisms and release kinetics from molecularly designed poly(acrylic acid-g-ethylene glycol) hydrogels[J]. Biomaterials, 2006, 27(31): 5440-5451.

[201] Wang W Y, Liu H, Li S P, et al. Synthesis of methotrexatum intercalated zinc-aluminum-layered double hydroxides and the corresponding cell studies[J]. Applied Clay Science, 2016, 121/122: 103-110.

[202] 齐凤林,李淑萍,张晓晴．甲氨蝶呤/层状双金属氢氧化物的粒径调控及缓释性能研究[J]. 化学学报,2012,70(20):2162-2168.

[203] Mdlakpour S, Hatami M. Fabrication and characterization of pH-sensitive bio-nanocomposite beads havening folic acid intercalated LDH and chitosan: Drug release and mechanism evaluation[J]. International Journal of Biological Macromolecules, 2019, 122: 157-167.

[204] Sharif S N M, Hashim N, Isa I M, et al. The influence of chitosan coating on the controlled release behaviour of zinc/aluminium-layered double hydroxide-quinclorac composite[J]. Materials Chemistry and Physics, 2020, 251: 123076.

[205] Gu Y, Wei Z H, Ran Q P, et al. Characterizing cement paste containing SRA modified nano-SiO_2 and evaluating its strength development and shrinkage behavior[J]. Cement and Concrete Composites, 2017, 75: 30-37.

[206] Chaipanich A, Nochaiya T, Wongkeo W, et al. Compressive strength and microstructure of carbon nanotubes-fly ash cement composites[J]. Materials Science and Engineering: A, 2010, 527(4/5): 1063-1067.

[207] 李固华．纳米材料对混凝土耐久性的影响[D]. 成都:西南交通大学,2006.

[208] Li Z, Lu D G, Gao X J. Analysis of correlation between hydration heat release and compressive strength for blended cement pastes[J]. Construction and Building Materials, 2020, 260(10): 120436.

[209] Jansen D, Goetz-Neunhoeffer F, Lothenbach B, et al. The early hydration of ordinary Portland cement (OPC): An approach comparing measured heat flow with calculated heat flow from QXRD[J]. Cement and Concrete Research, 2012, 42(1): 134-138.

[210] 顾越．核壳纳米 SiO_2 改性水泥基材料性能研究[D]. 南京:东南大学,2017.

[211] Makar J M, Chan G W. Growth of cement hydration products on single-walled carbon nanotubes[J]. Journal of the American Ceramic Society, 2009, 92(6): 1303-1310.

[212] Lee B Y, Kurtis K E. Influence of TiO_2 nanoparticles on early C_3S hydration[J]. Journal of the American Ceramic Society, 2010, 93(10): 3399-3405.

[213] Ma B G, Li H N, Li X G, et al. Influence of nano-TiO_2 on physical and hydration characteristics of fly ash-cement systems[J]. Construction and Building Materials, 2016, 122: 242-253.

[214] Panesar D K, Aqd M, Rhead D, et al. Effect of cement type and limestone particle size on the durability of steam cured self-consolidating concrete[J]. Cement and Concrete Composites, 2017, 80: 175-189.

[215] Shafiq N. Degree of hydration and compressive strength of conditioned samples made of normal and blended cement system[J]. KSCE Journal of Civil Engineering, 2011, 15(7): 1253-1257.

[216] Wang L, Guo F X, Lin Y Q, et al. Comparison between the effects of phosphorous slag and fly ash on the C-S-H structure, long-term hydration heat and volume deformation of cement-based materials [J]. Construction and Building Materials, 2020, 250: 118807.

[217] Land G, Stephan D. Controlling cement hydration with nanoparticles[J]. Cement and Concrete Composites, 2015, 57: 64-67.

[218] Booshehrian A, Hosseini P. Effect of nano-SiO_2 particles on properties of cement mortar applicable for ferrocement elements[J]. Magazine of Concrete Research Letters, 2011, 2(1): 167-180.

[219] Makar J, Margeson J, Luh J. Carbon nanotube/cement composites: Early results and potential applications[J]. Statistics, 2005, 22/23/24: 1-10.

[220] 王宝民．纳米 SiO_2 高性能混凝土性能及机理研究[D]. 大连:大连理工大学,2009.

[221] 王建荣,石捷,侯鹏坤．纳米二氧化硅在水泥基材料中的分散研究进展[J]. 济南大学学报(自然科学版),2020,34(5):521-526.

[222] 刘俊超．纳米 $CaCO_3$ 对水泥基材料性能影响及应用研究[D]. 重庆:重庆大学,2016.

[223] 牛荻涛,何嘉琦,傅强,等．碳纳米管对水泥基材料微观结构及耐久性能的影响[J]. 硅酸盐学报,2020,48(5):705-717.

[224] Konsta-Gdoutos M S, Metaxa Z S, Shah S P. Highly dispersed carbon nanotube reinforced cement based materials[J]. Cement and Concrete Research, 2010, 40(7): 1052-1059.

[225] Zhutovsky S, Kovler K, Bentur A. Revisiting the protected paste volume concept for internal curing of high-strength concretes[J]. Cement and Concrete Research, 2011, 41(9): 981-986.

[226] Ghourchian S, Wyrzykowski M, Lura P, et al. An investigation on the use of zeolite aggregates for internal curing of concrete[J]. Construction and Building Materials, 2013, 40: 135-144.

[227] Jensen O M, Hansen P F. Water-entrained cement-based materials[J]. Cement and Concrete Research, 2001, 34(4): 647-654.

[228] Parveen S, Rana S, Fangueiro R, et al. Microstructure and mechanical properties of carbon nanotube reinforced cementitious composites developed using a novel dispersion technique[J]. Cement and Concrete Research, 2015, 73: 215-227.

[229] 侯保荣. 海洋腐蚀环境理论及其应用[M]. 北京:科学出版社,1999.

[230] Tang F J, Chen G D, Brow R K. Chloride-induced corrosion mechanism and rate of enamel- and epoxy-coated deformed steel bars embedded in mortar[J]. Cement and Concrete Research, 2016, 82: 58-73.

[231] Ribeiro D V, Abrantes J C C. Application of electrochemical impedance spectroscopy (EIS) to monitor the corrosion of reinforced concrete: A new approach[J]. Construction and Building Materials, 2016, 111: 98-104.

[232] Serdar M, Žulj L V, Bjegović D. Long-term corrosion behaviour of stainless reinforcing steel in mortar exposed to chloride environment[J]. Corrosion Science, 2013, 69: 149-157.

[233] Montemor M F, Simões A M P, Ferreira M G S. Chloride-induced corrosion on reinforcing steel: From the fundamentals to the monitoring techniques[J]. Cement and Concrete Composites, 2003, 25(4/5): 491-502.

[234] Sagüés A A, Pech-Canul M A, Shahid Al-Mansur A K M. Corrosion macrocell behavior of reinforcing steel in partially submerged concrete columns[J]. Corrosion Science, 2003, 45(1): 7-32.

[235] Gerengi H, Mielniczek M, Gece G, et al. Experimental and quantum chemical evaluation of 8-hydroxyquinoline as a corrosion inhibitor for copper in 0.1 M HCl[J]. Industrial & Engineering Chemistry Research, 2016, 55(36): 9614-9624.

[236] Yu Y Z, Wang Y Z, Li J, et al. In situ click-assembling monolayers on copper surface with enhanced corrosion resistance[J]. Corrosion Science, 2016, 113: 133-144.

[237] Hirao H, Yamada K, Takahashi H, et al. Chloride binding of cement estimated by binding isotherms of hydrates[J]. Journal of Advanced Concrete Technology, 2005, 3(1): 77-84.

[238] Fei F L, Hu J, Wei J X, et al. Corrosion performance of steel reinforcement in simulated concrete pore solutions in the presence of imidazoline quaternary ammonium salt corrosion inhibitor[J]. Construction and Building Materials, 2014, 70: 43-53.

[239] Wang W Y, Song Z J, Guo M Z, et al. Employing ginger extract as an eco-friendly corrosion inhibitor in cementitious materials[J]. Construction and Building Materials, 2019, 228: 116713.

[240] Diamanti M V, Pérez R E A, Raffaini G, et al. Molecular modelling and electrochemical evaluation of organic inhibitors in concrete[J]. Corrosion Science, 2015, 100: 231-241.

[241] Jamil H E, Montemor M F, Boulif R, et al. An electrochemical and analytical approach to the inhibition mechanism of an amino-alcohol-based corrosion inhibitor for reinforced concrete[J]. Electrochimica Acta, 2003, 48(23): 3509-3518.

[242] Joiret S, Keddam M, Nóvoa X R, et al. Use of EIS, ring-disk electrode, EQCM and Raman spectroscopy to study the film of oxides formed on iron in 1 M NaOH[J]. Cement and Concrete Composites, 2002, 24(1): 7-15.